小译林中小学阅读丛书

U0160120

星星离我们有多远

卞毓麟 著

译林出版社

图书在版编目（CIP）数据

星星离我们有多远 / 卞毓麟著. —南京：译林出
版社，2021.6（2022.5重印）
（小译林中小学阅读丛书）
ISBN 978-7-5447-8666-9

Ⅰ.①星… Ⅱ.①卞… Ⅲ.①天文学－青少年读物
Ⅳ.①P1-49

中国版本图书馆 CIP 数据核字（2021）第 071533 号

星星离我们有多远 卞毓麟／著

总 策 划	葛庆文	
责任编辑	刘自然	
装帧设计	韦 枫	
校 对	王 敏	
责任印制	颜 亮	

出版发行	译林出版社
地 址	南京市湖南路 1 号 A 楼
邮 箱	yilin @ yilin.com
网 址	www.yilin.com
市场热线	025-86633278
排 版	南京展望文化发展有限公司
印 刷	江苏苏中印刷有限公司
开 本	718 毫米 ×1000 毫米 1/16
印 张	13.75
插 页	2
版 次	2021 年 6 月第 1 版
印 次	2022 年 5 月第 2 次印刷
书 号	ISBN 978-7-5447-8666-9
定 价	39.80 元

充满神话形象的古典星图
（1540 年），作者是德国天文学
家彼得·阿皮安（Peter Apian,
1495—1552）

大熊座旋涡星系（即 M101）距离地球约2100 万光年，直径约 17 万光年，因形似风车，故又名"风车星系"。 来源：NASA

名家 名作 名译

小译林

中小学阅读丛书

目　录

上篇　星星离我们有多远

下篇　阅读与科学

上篇
星星离我们有多远

作者的话

60多年前，我刚上初中时读了一些通俗天文作品，逐渐对天文学产生了浓厚的兴趣。半个多世纪前，我从南京大学天文学系毕业，成了一名专业天文工作者。几十年来，我对普及科学知识始终怀有非常深厚的感情。

我记得，美国著名天文学家兼科普作家卡尔·萨根（Carl Sagan，1934—1996）在其名著《伊甸园的飞龙》一书结尾处，曾意味深长地引用了英国科学史家和作家布罗诺夫斯基（Jacob Bronowski，1908—1974）的一段话：

> 我们生活在一个科学昌明的世界中，这就意味着知识和知识的完整性在这个世界起着决定性的作用。科学在拉丁语中就是知识的意思……知识就是我们的命运。

这段话，正是"知识就是力量"这一著名格言在现时的回响。一个科普作家、一部科普作品所追求的最直接的目的，正是启迪人智，使人类更好地掌握自己的命运。普及科学知识，亦如科学研究本身一样，对于我们祖国的发展、进步是至为重要的。天文普及工作自然也不例外。

因此，我一直认为，任何科学工作者都理应在普及科学的园地上洒下自己辛劳的汗水。你越是专家，就越应该有这样一种强烈的意识：与更多的人分享自己掌握的知识，让更多的人变得更有力量。我渴望在我们国家出现更多的优秀科普读物，我也希望尽自己的一份心力，为此增添块砖片瓦。

1976年10月，十年"文革"告终，我那"应该写点什么"的思绪从蛰伏中苏醒过来。1977年初，应《科学实验》杂志编辑、我的大学同窗方开文君之约，我满怀激情地写了一篇2万多字的科普长文《星星离我们多远》。在篇首我引用了郭沫若1921年创作的白话诗《天上的市街》，并且构思了28幅插图，其中的第一幅就是牛郎织女图。同年，《科学实验》分6期连载此文，刊出后反响很好。

在科普界前辈李元、出版界前辈祝修恒等长者的鼓励下，我于1979年11月将此文增订成10万字左右的书稿，纳入科学普及出版社的"自然丛书"。1980年12月，《星星离我们多远》一书由该社正式出版，责任编辑金恩梅女士原是我在中国科学院北京天文台的老同事，当时已加盟科普出版社。

每一位科普作家都会有自己的偏爱。在少年时代，我最喜欢苏联作家伊林（Илья Яковлевич Ильин-Маршак，1895—1953）的通俗科学读物。30来岁，我又迷上了美国科普巨擘阿西莫夫（Isaac Asimov，1920—1992）的作品。尽管这两位科普大师的写作风格有很大差异，但我深感他们的作品之所以有如此巨大的魅力，至少是因为存在着如下的共性：

第一，以知识为本。他们的作品都是兴味盎然、令人爱不释手的，而这种趣味性则永远寄寓于知识性之中。从根本上说，给人以力量的正是知识。

第二，将人类今天掌握的科学知识融于科学认知和科学实践的历史进程之中，巧妙地做到了"历史的"和"逻辑的"之统一。在普及科学知识的同时，钩玄提要地再现人类认识、利用和改造自然的本来面目，有助于读者理解科学思想的发展，领悟科学精神之真谛。

第三，既讲清结果，更阐明方法，使读者不但知其然，而且更知其所以然，这样才能更好地开发心智、启迪思维。

第四，文字规范、流畅而生动，绝不盲目追求艳丽和堆砌辞藻。也就是说，文字具有质朴无华的品格和内在的美。

效法伊林或阿西莫夫这样的大家，无疑是不易的，但这毕竟可以作为科普创作实践的借鉴。《星星离我们多远》正是一次这样的尝试，它未必很成功，却是跨出了凝聚着辛劳甘苦的第一步。

再说《科学实验》于1977年底连载完《星星离我们多远》之后8个月，香港的《科技世界》杂志上出现了一组连载文章，题目叫作《星星离我们多么远》，作者署名"唐先勇"。我怀着好奇的心情浏览此文，结果发现它纯属抄袭。我抽查了1500字，发现它与《科学实验》刊登的《星星离我们多远》的对应段落仅差区区3个字！

这件事促使我在一段时间内更多地思考了一个科普作家的道德问题。首先，科普创作要有正确的动机，方能有佳作。从事科学事业——无论是科研还是科普——的人，若将目光倾注于名利，则未免可悲可叹。我们应该记住乐圣贝多芬（Ludwig van Beethoven，1770—1827）的一句名言："使人幸福的是德性而非金钱。这是我的经验之谈。"

其次，是"量"与"质"的问题。曾有人赐我"高产"二字，坦率地说，我对此颇不以为然。我钦佩那些既能"高产"，又能确保"优质"的科普作家。然而，相比之下，更重要的还是"好"，而不是单纯的"多"或"快"。这就不仅要做到"分秒必争、惜时如命"，而且更必须"丝毫不苟、嫉'误'似仇"了。

《星星离我们多远》一书出版后，获得了张钰哲（1902—1986）、李珩（1898—1989）等天文学家前辈的鼓励和好评，也得到了读者的认同。1983年1月，《天文爱好者》杂志发表了后来因患肝癌而英年早逝的天文史家、热情的科普作家刘金沂（1942—1987）先生对此书的评介，书评的标题正好就是我力图贯穿全书的那条主线——《知识筑成了通向遥远距离的阶梯——读〈星星离我们多远〉》（见本书附录二）。1987年，《星星离我们多远》获中国科学技术协会、新闻出版署、广播电视电影部、中国科普创作协会共同主办的"第二届全国优秀科普作品奖"（图书二等奖）。1988年，《科普创作》第3期发表了中国科学院学部委员（今中国科学院院士）、时任北京天文台台长王绶琯先生的文章《评〈星星离我们多远〉》（见本书附录一）。

光阴似箭，转瞬间到了1999年。当时，湖南教育出版社出版了一套"中国科普佳作精选"，其中有一卷是我的作品《梦天集》。《梦天集》由三个部分构成，第一部分"星星离我们多远"系据原来的《星星离我们多远》一书修订而成，特别是酌增了20年间与本书主题密切相关的天文学新进展。

又过了10年，湖北少年儿童出版社的"少儿科普名人名著书系"也相中了《星星离我们多远》这本书。为此，我又对全书做了一些修订，其要点是：

第一，增减更换部分插图。1980年版的《星星离我们多远》原有插图62幅，1999年版的《梦天集》删去了其中的16幅，留下的46幅图有的经重新绘制，质量有所提高。但是，被《梦天集》删去的某些图片，就内容本身而言原是不宜舍弃的。于是我又再度统筹考虑，增减更换了20余幅插图，使最终的插图总数成为66幅，其整体质量也有了明显的提高。

第二，正文再次做了修订，修订的原则是"能保持原貌的尽可能保持原貌，非改不可的该怎么改就怎么改"。例如：2006年8月，国际天文学联合会通过决议将冥王星归类为"矮行星"，原先习称的太阳系"九大行星"剔除冥王星之后还剩下8个；于是，书中凡是涉及这一变动的地方，都做了恰当的修改。

第三，自1980年《星星离我们多远》一书问世几十年来，既然有了上述的种种演变，不少朋友遂建议我借纳入"少儿科普名人名著书系"之机，为这本书起一个读起来更加顺口的新名字：《星星离我们有多远》。

2016年岁末，忽闻《星星离我们有多远》已被列为教育部统编初中《语文》教材自主阅读推荐图书，这实在是始料未及的好事。于是，我对原书再行修订，酌增插图。这一次，除与时俱进地继续更新部分数据资料外，更具实质性的变动有如下几点：

第一，增设了"膨胀的宇宙"一节。发现我们的宇宙正在整体膨胀，是20世纪科学研究中意义极其深远的杰出成就，它从根本上动摇了宇宙静止不变的陈旧见解，深深改变了人类的宇宙观念。而在天文学史上，带来这一伟大发现的源头之一，正在于测定天体距离手段的不断进步。

第二，将原先的"类星体距离之谜"一节改写更新，标题改为"类星体之谜"，使之更能反映天文学家现时对此问题的认识。

第三，在"飞出太阳系"一节中，扼要增补了中国的探月计划"嫦娥工程"，并说明中国的火星探测也已在积极酝酿之中。

遥想1980年，《星星离我们多远》诞生时，我才37岁。弹指一挥间，40年过去，而今我已经77岁了。4年多以前，年近九旬的天文界前辈叶叔华院士曾经送我16个字："普及天文，不辞辛劳；年方古稀，再接再厉！"这次修订《星星离我们有多远》，也算是"再接再厉"的具体表现吧，盼望少年朋友们喜欢它！

承蒙王绶琯院士慨允将书评《评〈星星离我们多远〉》、刘金沂先生的夫人赵澄秋女士慨允将《知识筑成了通向遥远距离的阶梯——读〈星星离我们多远〉》一文、吴鑫基教授慨允将书评摘录《有道是慧眼识真金》作为本书附录，谨此一并致谢。

卞毓麟

2020年12月，喜庆"嫦娥五号"回家时

序　曲

"天上的市街"①

朋友，您吟诵过这样一首诗吗——

　　远远的街灯明了，
　　好像是闪着无数的明星。
　　天上的明星现了，
　　好像是点着无数的街灯。

　　我想那缥缈的空中，
　　定然有美丽的街市。
　　街市上陈列的一些物品，
　　定然是世上没有的珍奇。

---

　　① 此处所录系本诗1922年首次发表时的原题原文。20世纪50年代初的课本编者出于某些原因，曾征得郭沫若先生本人同意，将标题中的"市街"改为"街市"，现行七年级《语文》教材亦保留这一改动。但在郭沫若亲自审定的文集中，仍将篇名保留为《天上的市街》。1980年《星星离我们多远》成书时照引《天上的市街》原名，今一仍其旧，特此说明。(本书脚注均为作者注)

你看那浅浅的天河，

定然是不甚宽广。

我想那隔河的牛女，

定能够骑着牛儿来往。

我想他们此刻，

定然在天街闲游。

不信，请看那朵流星，

是他们提着灯笼在走。

　　这首白话诗，作于1921年。其高远的意境，丰富的想象，纯朴的言语，浪漫的比拟，冲破了日益衰颓的旧文化的桎梏，体现出一代新风。它的题目，叫作《天上的市街》。

　　这首白话诗的作者，当时还是一位不满30岁的青年。他才气横溢，风华正茂。不多年间，他的名字便传遍了海北天南。他，就叫郭沫若。

　　古往今来，夜空清澈，群星争辉。多少人因之浮想联翩，多少人为之向往入迷啊！我们要谈的，正是这天上的星星；要谈的，是它们离人间有多远。或许，可以这样说吧，我们将要告诉读者：郭老诗中的"天上的市街"究竟远在何方呢？

　　诗中写到了天河，写到了牛郎织女，我们就从这谈起吧。

星座与亮星

　　初秋晴夜，银河高悬，斜贯长空。银河，有许多别名。在西方，它叫作"乳色之路"（The Milky Way）；在我国古代，它又叫银汉、高寒、星河、明河、天河……千百年来，牛郎织女的神话故事一直脍炙人口。天河两岸，很容易找到"牛郎"和"织女"，它们是两颗很亮的星。牛郎在河东，又名"河鼓二"。它的两旁，各有一颗稍暗的星。三星相连，形如扁担。牛郎居中，两端宛如一副箩筐，所以它们又合称为"扁担星"。据说，每年农历七月初七，牛郎就将他的两个娃娃放在箩筐里，挑起扁担，去

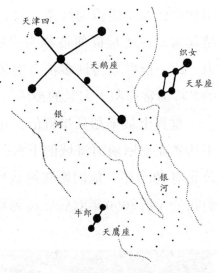

图1　牛郎星、织女星和有关星座

与织女"鹊桥相会"啦！织女在河西，与牛郎以及自己的孩子遥遥相望。她的近旁有四颗星构成了一个平行四边形，宛如织布用的梭子一般，它正是织女的劳动工具。另外还有一种传说：就在牛郎星附近有着五颗小星，中国古称"匏瓜五星"，其中一、二、三、四这四颗星连贯起来组成一个菱形，很像一个织布的梭子。它是织女为了表达自己的情思而抛给牛郎的，因此民间便称它为"梭子星"了。天河之中，牛郎织女之间，有六颗亮星组成一个巨大的"十"字。请看图1，如果我们将它想象为神话中的"鹊桥"，那岂不是既很自然又很有趣吗？

世界上各个古老的民族，都以其长着翅膀的丰富想象力，驰骋在天上人间。他们对同样的星空孕育和产生了各不相同，却又同样妙趣横生的神话传说。上面提到的那个大"十"字，古代欧洲人将它想象成一只展翅翱翔的天鹅。因此，它所在的那个星座就被叫作"天鹅座"。这个大"十"字，因为出现在北半天空上，西方人又将它称为"北天十字架"，简称"北十字"。

什么是星座呢？简而言之，古人为了更方便地辨认星空，就

用种种想象中虚拟的线条，将天上较亮的那些星星分群分组地联结起来，这些星群便被称为"星座"。人们又以更加丰富的想象力，让一群群星与许多神奇的故事挂上钩。因此，诸星座最古老的名称通常都源于古老的神话与传说（图2）。

世界上最早划分星群的，也许是苏美尔人。他们生活在美索不达米亚平原两河流域的下游，如今属于伊拉克的地方。大概在公元前4000年，他们便在辨认星空时将群星"分而治之"了。他们在公元前3000年前后已经创建了一套书写系统，用文字记下自

图2　在充满神话形象的古典星图上，北半球的星空仿佛成了一个天上的动物园

己的历史。那时，他们已开始系统地注意行星的运动。倘若将苏美尔人的观测当作人类系统观测天象的开端，那么这种世代相传的天文观测绵延至今便已有6000年之久。

在这漫长的岁月中，星座的概念有了极大的发展。演变到公元2世纪，经过古希腊天文学家的详细描述，北天40个星座的雏形便大体确定下来。至于南天的48个星座，那是17世纪后通过航海家和天文学家们的系统观察才逐渐定型的。由于近代科学的启蒙与发展，南天星座中便夹杂着用科学仪器命名的名称，例如显微镜座、六分仪座、罗盘座、望远镜座等；而北天星座的名称则依然充满着古老神话的色彩：仙女座、仙后座、武仙座、飞马座、天鹅座……

现代对星座的划分，建立在更精确的基础上。国际上统一地将整个天空划分成大小不等的88个区域，每个区域便是一个星座，它们犹如地球上大大小小的许多国家。每个星座中都有许多星星，恰似每个国家都有许多城市和村镇一般。牛郎星是天鹰座中最亮的星星，按国际统一称呼，它就叫"天鹰α"。α（阿尔法）乃是希腊文中的第一个字母。织女星是天琴座中最亮的星，所以称为"天琴α"。同样，天鹅座中最亮的星就叫"天鹅α"，它就在那只大天鹅的尾巴上，所以阿拉伯人又叫它"戴耐布"（Deneb），意为"天鹅之尾"。我国人民自古以来一直叫它"天津四"。图3中还标出另一些星星的名字：天鹅座中的β（贝塔）、γ（伽马）、δ（德尔塔）、ε（艾普西隆）、ζ（泽塔）和η（伊塔）等，它们分别用希腊文中的第二至第七个字母表示。

一个星座中的星星是很多的，而希腊字母只有24个，每颗星用掉一个字母，不够用了怎么办呢？不要紧，用拉丁字母。拉丁字母用完后，还可以干脆给星星编上号，例如图3中的天鹅61星便是这样。或者，还可以给星星专门列出一份份"花名册"，称

图3　天鹅座，天津四和天鹅61星

为"星表"。在星表中给每一颗星指定一个号码，这也就是它的名字了，比如天鹅61。实际上，天鹅61是一个双星系统，由两颗互相绕着转的恒星组成；这两颗星中的每一颗，都称为该双星系统中的一颗"子星"，它们的名字分别叫天鹅61A和天鹅61B。同时，这两颗星在"HD星表"中的编号分别为201091和201092，故又称HD 201091和HD 201092。这里，HD乃是美国天文学家亨利·德雷珀（Henry Draper，1837—1882）姓名的首字母。这位亨利·德雷珀原本是学医的，做过短时期的外科医生。他对天文学非常入迷，便于1861年在父亲的庄园里自建了一座天文台。后来德雷珀成了擅长用照相方法拍摄恒星光谱的专家，可惜他45岁时就染患肺炎去世了。他的遗孀设立了德雷珀纪念基金，以资助哈佛天文台拍摄和研究恒星光谱，后来又出版了亨利·德雷珀星表，即HD星表。

中国古代经常使用"星宿"这个名称。"二十八宿"就是大致沿黄道分布的28个天区，它们各有自己的名字，如"角、亢、氐、房"等。这些星宿的名字，化作神话人物，频频出现在中国古典文学作品中。例如，在《西游记》中很有名的"昴日鸡"就是昴宿的化身，它的神话形象是一只威武雄壮的大公鸡。从天文学的角度来看，星宿和星座并没有本质上的差别，只是与此有关的神话传说和相应的名称反映了东西方传统文化的差异。如今，虽然国际上已经统一采用共同的星座体系，但我们中国人谈到流传至今的这些星宿的名称时仍然深感亲切而有趣。

可是，美妙的星座，灿烂的群星啊，你们究竟离我们有多远呢？

这是一个曲折动人而又绵长的故事。亲爱的读者，下面让我们来看看古人是怎样想的吧。

大地的尺寸

首次估计地球的大小

在很久很久以前,人们无疑发现"天"是很远的。因为,无论你站在地上,爬到树上,还是攀至山巅,天穹总是显得那么高,日月星辰始终是那么远。有什么办法知道星星的距离呢?

曾经,人们以为地球就是宇宙的中心,以为太阳、月亮、行星和恒星都绕着地球转,以为所有的恒星都镶嵌在一个透明的球(也许是个硕大无朋的水晶球)上,这个球就叫作"恒星天球",或者叫作"恒星天"。对恒星天的距离有过种种猜测,就像对"月亮天""太阳天""水星天"……的距离有过种种猜测一样。

古希腊有一位聪明的哲学家和数学家,名叫毕达哥拉斯(Pythagoras,约前580—约前500)。他出生于爱琴海中的萨摩斯岛(Samos),后来创立了一种有点神秘色彩的学派,即毕达哥拉斯学派。这一学派对数学和天文学很感兴趣。例如,毕达哥拉斯本人发现,在直角三角形中,两直角边的平方之和恰好就等于斜边的平方。学过初等几何的人都知道,这正是"勾股定理",西方人称之为"毕达哥拉斯定理"。

毕达哥拉斯对声学也很有研究。他发现乐器的琴弦做得越短，发出的音调就越高。例如，一根琴弦的长度比另一根长一倍，那么它发出的声音恰恰低八度。如果琴弦长度的比例为3∶2，就会产生所谓五度音程。增加琴弦的张力，音调也会随之提高。于是，研究声学就成了物理学的一个分支。毕达哥拉斯认为宇宙极端美妙和谐，其表现之一便是八重天的高度恰好与八度音的音高成正比。这种想法在今天看来不免可笑，但对于2000多年前的古希腊人来说，不正是对"星星离我们有多远"的一种猜测吗？

中国古籍《列子·汤问篇》中有一个著名的故事，叫作"两小儿辩日"。其中一个小孩说早晨的太阳离我们更近些，因为它看起来较大；另一小孩则说中午的太阳离大地更近，因为它比早晨的太阳热得多。他俩当然不知道太阳究竟有多远，可是"太阳的远近"这个问题却提出来了。

估算天体绝对尺度的第一级入门之阶，是测量地球本身的大小。那已经是2200多年前的事情了。当时的古埃及有一座非常繁华的城市——亚历山大城，多少年来西方人赞不绝口的"世界七大奇迹"之一亚历山大灯塔（图4），就屹立在从地中海进入亚历山大港的咽

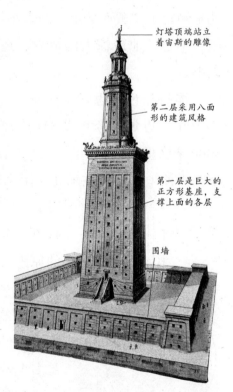

灯塔顶端站立着宙斯的雕像

第二层采用八面形的建筑风格

第一层是巨大的正方形基座，支撑上面的各层

围墙

图4 古埃及时代建造的亚历山大灯塔高约134米，是当时高度仅次于胡夫大金字塔的世界第二高建筑物。在长达1500多年的岁月中，它曾引导无数船只进入亚历山大港。这座灯塔经受了一系列地震的考验，最终在1349年倒塌沉入海底

喉之地法罗斯岛上。亚历山大城的大图书馆是当时世界上最先进的文化中心，令人痛惜的是，大约在公元前3世纪，一场大火吞噬了图书馆本身和它的全部馆藏。亚历山大城图书馆曾有一位名叫埃拉托色尼（Eratosthenes，约前276—约前194）的馆长。他是阿基米德（Archimedes，约前287—约前212）的朋友，不仅通晓天文学、地理学，而且还是历史学家。他绘制了当时所知的世界地图，从不列颠群岛到锡兰（今斯里兰卡），从里海到埃塞俄比亚，胜过在他之前所绘制的任何地图。在天文学方面，埃拉托色尼确定了地球赤道平面与太阳周年视运动平面（即"黄道面"）所交的角度，也就是测定了"黄赤交角"的大小。他还绘制了包含675颗恒星的星图。不过，他最惊人的成就，还是在公元前240年测定了地球的大小。

埃拉托色尼思索着这样一个事实：6月21日夏至这天正午，太阳在塞恩城（今埃及的阿斯旺）正当头顶，但在塞恩城北面5000希腊里（1希腊里≈158.5米）的亚历山大城，这时的太阳却不在头顶（图5）。在那儿，阳光对铅垂线倾斜了一个小小的角度z（约7.2°），这个角度正好等于一个圆周的1/50。埃拉托色尼认识到，造成这种差异的原因必定是由于大地表面的弯曲。既然经过从塞恩城到亚历山大城的这5000希腊里（约792千米），地球表面弯曲了一个圆周的1/50，那么整个地球的周长应该是多少希腊里，或者多少千米呢？

当然，这里有一个前提，那就是古希腊人接受大地呈球形这一观念。从唯美的信念出发，球形也是所有形体中最匀称最完美的构形。

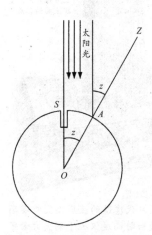

图5　埃拉托色尼测量地球周长的方法示意图。图中S代表塞恩城，A代表亚历山大城

对埃拉托色尼来说，这样的数学问题真是太简单了。今天一位聪明的小学生就能算出它的答案，结果是：地球的周长为 5000 × 50 = 250 000（希腊里），相当于39 600千米有余，地球的直径则约为12 700千米。它与今天用现代技术测量的结果接近得真是令人吃惊。如今，人们知道地球的直径是12 742千米，周长则约为40 000千米。

埃拉托色尼80岁时双目失明，精疲力竭，最后绝食而亡。很可惜的是，古希腊人并未普遍接受他得出的关于地球大小的这个准确数值。大约在公元前100年，另一位古希腊天文学家波西冬尼斯（Posidonius，约前135—约前50）用同样的方法重复了埃拉托色尼的工作。他在测量中利用的不是太阳，而是老人星（船底α）。波西冬尼斯不如埃拉托色尼测得那么准确，得到的地球周长仅约180 000希腊里，还不足29 000千米。

结果，从古希腊最后一位杰出的天文学家托勒玫（Ptolemy，拉丁名为Claudius Ptolemaeus，约90—约168）直到发现新大陆的航海探险家哥伦布（Christopher Columbus，约1451—1506），都采用了波西冬尼斯这一过于小的数字。只是到了葡萄牙探险家麦哲伦（Ferdinand Magellan，约1480—1521）船队的幸存者们历尽艰难险阻，终于在1522年环绕地球一周回到欧洲后，才纠正了这一错误。

不过，在麦哲伦之前800年，在欧亚大陆的另一端，就进行了世界上第一次大规模的子午线实地测量。

第一次丈量子午线

子午线，就是地球上通过南北两极的大圆，也叫"经度圈"。从地球的赤道算起，沿着子午线向南北各走90°，就到了南北极。

从南极到北极的半个大圆是180°，因此只要测出每1°的长短为多少千米，那么乘上360之后，就得到整个地球的周长了。

世界上第一次子午线实测工作，是在我国唐代时进行的。唐代有不少学识渊博的高僧。他们之中不仅有西天取经的玄奘，有东渡日本的鉴真，还有著名的天文学家一行（683—727）。一行原名张遂，是魏州昌乐（今河南省南乐县）人。他的曾祖父原是唐太宗李世民的功臣，但在武则天执政时代，张氏家族因政治原因而衰落了。张遂从小刻苦自学，青年时代已成为长安城中的知名学者。他为躲避皇室权贵、武则天的侄儿武三思的拉拢而剃发，出家于嵩山寺，法名一行。

僧一行翻译过佛经多种，后来成为佛教中的一派——密宗的一位领袖，即世称的密宗五祖之一。日本有几座著名古庙，至今还收藏唐人李真绘的一行像摹本多种（图6）。1973年，中国出土文物展览代表团赴日，带回它们的照片。李真的原作现由日本京都府教王护国寺珍藏，被日本政府定为"国宝"。

图6 唐代天文学家僧一行像（日本兵库净土寺藏唐人李真画摹本）

公元717年，唐玄宗派专人接一行回到长安。一行的一生，对天文学有许多重要贡献，成就遍及历法、天文仪器、大地测量等许多方面。这里，我们最感兴趣的是从公元724年起，一行发起并领导的全国性天文大地测量。那次测量规模很大，共有北起铁勒（今贝加尔湖附近）南达林邑国（今越南中部）的13个观测点。在河南进行的那一组观测最为重要，由当时执掌天文的职官太史丞南宫说亲自负责，在大致位于同一经度上的白马（今河南省滑县）、浚仪太岳台（今河南省开封市西北郊）、扶沟（今河南省扶沟县）、武津（今河南省上蔡县）4个地方，测量了冬至、夏至、春分、秋分时的日影长度，冬至和夏至的昼夜时间长度，当地北天极的地平高度，以及这4个地方之间的距离。最后由一行统一归算定出：南北两地相距351里80步，北极高度便相差一度。为了将当时的计量单位换算成现代常用的单位，科学家们做了许多考证。据著名天文史专家陈美东在《中国科学技术史·天文学卷》（科学出版社，2003年）中介绍：一行的上述结果，相当于子午线每1°弧长为131.11千米。

这个结果虽然不够精确，约比现代测定的准确数值大20%，但它是世界史上第一次子午线实测。在没有现代化精密仪器的1200多年以前，完成如此复杂的测量和计算，实在是难能可贵的。国外首次实测子午线是阿拉伯帝国阿拔斯王朝的第七代哈里发马蒙（al-Mamūn，786—833）主持在美索不达米亚平原进行的，那时一行已经去世一个世纪了。

到了我国的元代初年，元世祖忽必烈决定制定、颁行一部比先前更精准的新历法。这时，杰出的天文学家、水利学家郭守敬（1231—1316）向忽必烈进言，说明唐代的一行和南宫说领导的那次天文大地测量，在全国各地一共设立了13个观测点；而今元帝国的疆域比唐朝更加辽阔，故应设置更多的天文观测点，这对于制定新历法至关重要。

郭守敬的提议获得了忽必烈的赞同。除京城大都（今北京市）而外，郭守敬在全国共选定26个观测点，选拔了14名熟悉天文观测技术的人员，分赴各地进行测量。他本人亲率一支人马，由上都、大都，历河南府，抵南海测验日影。这次全国范围的测量史称"四海测验"，其南北跨度达10 000余里，东西方向差不多也有

5000里。无论是在中国，还是在世界上，都堪称规模空前。四海测验先后取得两批观测材料，总的说来，测量结果相当不错。例如第二批资料测得20个地点的纬度，同现代测量值相比，有9处的误差不超过0.2°，其中有两处完全吻合。20个地点纬度的平均误差约为0.35°，即仅20′左右。

四海测验扩充了当时的天文学知识，为制定新历法提供了重要的数据和参考资料。它是在明清时期西学东渐以前，中国古代天文学家最后一次独立完成的天文大地测量。再后来，到了明末清初，随着欧洲近代科学的兴起，中国古老的天文学就开始显得落伍了。

那么，近代对子午线每1°的弧长又是怎样测量的呢?

三角网和大地的模样

在图7（甲）中，需要测量子午线上相差1°的两点A、B之间的距离。但是，它们之间有山有树又有建筑物，再加上地球表面的弯曲，几千米外便是地平线，所以，A、B两地是不能互相直接看见的。测量必须迂回进行。

我们可以在图7（甲）中的a、b、c……各处立下标杆，组成一个"三角网"。立标杆的要求是：

（1）站在每一根标杆处都可以看到相继的两根标杆：在A处可以看见a和b；在a处又可以看见b和c；在b处可以看见c和d……

（2）第一条直线Aa的长度可以用很准的尺直接量出来，它是整个测量工作的基础，因此称为"基线"。

测量就从第一个 $\triangle Aab$ 开始。我们知道，在一个三角形中只要知道一条边的长度和两个角的大小，就可以把另外两条边的

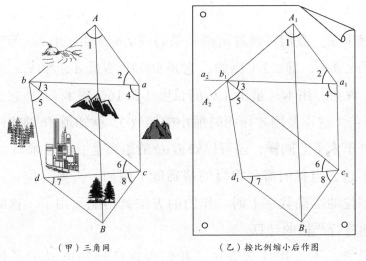

(甲)三角网　　　　　　　　（乙）按比例缩小后作图

图7　大地测量中的三角网

长度求出来。这是平面几何学或平面三角学中最简单、最基本的问题。

　　在△Aab中，Aa的长度可以直接用尺量出来；测量它的两个角也是轻而易举的。例如，可以在A点先用测量仪器瞄准a处的标杆，再将仪器转动一下进而瞄准b处的标杆，于是仪器转过的角度便是∠aAb［图7（甲）中用∠1来表示它］。同样，可以跑到a点，测出∠Aab［图7（甲）中用∠2表示］的角度大小。

　　于是，在△Aab中知道一条边Aa的长度和两个角（即∠1和∠2）的大小，就立即可以推算出Ab和ab的长度了。

　　当然，我们也可以换个方法来做。对于不喜欢计算的读者（不过，对现代精密科学而言，懒于计算可不是好习惯），我们可以直接按比例作图。比如，拿一张白纸，在它上面随便点上一个点A_1。从A_1开始任意画一条直线A_1a_1［图7（乙）］，要求它的长度比刚才量出的Aa（比如说，它是2千米吧）缩小若干倍——假定它缩小1万倍，那么A_1a_1的长度就是20厘米。再画一条通过A_1的直线A_1A_2，使∠$a_1A_1A_2$的大小就等于原先测量的∠1（例如，它是60°）。

接下来，我们再通过a_1画一条直线a_1a_2，使$\angle A_1a_1a_2$等于原来测量的$\angle Aab$，即$\angle 2$（例如，它是50°），直线A_1A_2和a_1a_2相交于b_1处。现在，用米尺量出A_1b_1的长度（为16.3厘米），将它重新放大1万倍（这正是刚才作图时缩小的倍数），就知道Ab的实际距离是1.63千米了。同样，还可以知道ab的距离是1.84千米。

不过，当我们需要很高的精确度（例如，需要五位、六位甚至更多位的准确数字）时，作图的方法就不能适用了。这时，仍然必须进行严格的计算。

总之，不论用什么方法，我们现在已经知道ab的长度。于是，测量工作可以转移到图7（甲）中的第二个$\triangle abc$中进行了。在这个三角形中，现在已经知道ab的长度，我们将它作为基线，再测量一下$\angle abc$［即图7（甲）中的$\angle 3$］和$\angle bac$（即$\angle 4$）的大小，就又可以算出ac和bc之长。

接着，在$\triangle bcd$中，将bc作基线，测出$\angle 5$和$\angle 6$的大小，便可得bd和cd之长。最后，在$\triangle cdB$中，基线cd之长已经求得，测量一下$\angle 7$和$\angle 8$，就知道cB和dB的长。根据上面量出、测出和求出的所有角度与线段，按一定比例将整个图形画在纸上，便可以从图上直接量出AB的长度了。当然，我们再重复一遍，要想得到AB之间距离的精确数值，还得进行计算，仅仅靠作图是不够的。

这样测量的结果是：地球上子午线每1°的弧长是111.13千米，即从赤道到两极的距离约是10 002千米。整个子午圈的长度则为它的4倍，即约为40 008千米。

200多年前，欧洲人进行的一些测量已经初步表明，地球并不是一个完美的球体，而是沿赤道方向稍"胖"一些，沿两极方向稍扁些。后来，这一结论又不断被种种更精确的测量所证实。

现代测量地球的形状和大小，除了用上述大地测量学的方法以外，还有所谓的"重力测量法"，以及利用人造地球卫星的"地球动力学测地法"。各种方法的联合使用，已经使测量结果的精确程度大大提高。目前国际上采用的数据是：地球的赤道半径 $a = 6378.137$ 千米，两极半径 $c = 6356.752$ 千米。人们常常谈论地球的平均半径，它的定义是：

$$R_{地} = \sqrt[3]{a^2 c} \approx 6371.0 (千米)$$

人们还经常用 f 表示地球的"扁率"，它表征了地球"扁"或"胖"的程度：

$$f = (a-c)/a \approx 1/298.256$$

也就是说，地球的两极半径只比赤道半径短 1/300 左右。

总之，人类目前已经相当精确地知道自己的摇篮——地球的大小和模样。而且，还一步步弄清它不仅是个扁球体，还更像一个"梨"状的旋转体。人造卫星的观测表明，地球赤道本身也不是正圆形的，而是一个椭圆。不过，赤道上的最大半径比最小半径只长了100米左右。因此，地球实际上近乎一个三轴椭球体。

总的说来，地球毕竟还是相当圆的一个大球。倘若把地球的直径缩小1000万倍，做出一个模型，那么它的赤道就是一个半径为63.78厘米的圆，两极半径则是63.57厘米。用肉眼来看，根本不能发现它是扁的，你一定会以为它就是一个地地道道的大圆球呢。

现在，我们可以跨出自己的"家门"，开始测量离我们最近的天体——月球的距离了。

明月何处有

第一个地外目标——月球

月亮，是人类飞出地球、步入太空的第一个中途站，是人类迄今在地球之外留下足迹的唯一星球。世界上没有一个民族不对月亮抱有浓厚的感情。历代诗人留下无数吟哦明月的华美诗篇，便是最好的佐证。

人类首先测出绝对距离的那个天体正是月亮。这是很自然的，因为宇宙中再也没有比月球离我们更近的天体了。

可是，有什么办法能够知道月亮离我们究竟有多远呢？用直尺、折尺或卷尺来量吗？那当然是行不通的。然而，早在2000多年前，就有人想出了一个相当巧妙的办法。

公元前3世纪之初，在小亚细亚的萨摩斯岛上出现了一位最富有创见的古希腊天文学家，名叫阿里斯塔克（Aristarchus，约前310—约前230）。他是杰出的天文观测家，又是一位天才的理论家。人们不知道他的生平，他的大部分著作也已失传，但是他的《论日月的大小和距离》流传了下来。

阿里斯塔克在这部著作中首先提出，如果在上弦月的时候测定太阳和月亮之间的角距离，就可以据此推算出日月到地球距离的比值（图8）。阿里斯塔克指出：上弦月的时候，日、月、地三者应该构成一个直角三角形，月亮在直角的顶点上。他根据观测确定，上弦月时太阳和月亮在天穹上相距87°，由此可以推算出太阳比月亮远19倍。虽然这个结果只有实际数值的1/20左右，但其原理简单明了，值得赞赏。这是2000多年前测定天体距离的第一次大胆尝试，对其结果的称颂也理应超过对它的责难。

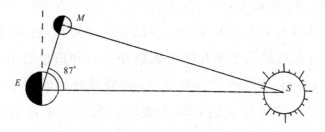

图8　阿里斯塔克测量日、月到地球距离之比值的方法。
图中S代表太阳，E代表地球，M代表月亮

阿里斯塔克又想到，由于日全食时月亮恰好挡满太阳，也就是说，它们的视角径相等，因此太阳的线直径必定也正好就是月亮的19倍。他还观测月食时的地影，计算出地球的影宽，进而推算出月球的直径是地球的1/3（今天知道实际是0.27倍）。因此，太阳的直径便是地球的（19×1/3）倍，即6倍有余。而太阳的体积则是地球的（19×1/3）^{3}倍，即200多倍。这比实际情况（太阳比地球大130万倍）小了许多，但足以证明地球绝不是宇宙中最大的天体。在阿里斯塔克看来，小物体应该围绕大物体运转，因此太阳环绕地球旋转实在是太不合乎逻辑了。也许就是这个原因，使阿里斯塔克天才地提出太阳和恒星一样，都静止在远方，而地球则既在绕轴自转，又环绕着太阳运行。同时他还认为，恒星比地球绕太阳运行的轨道更加遥远。当时的学者不能接受阿里斯塔克的理论，甚至还指控他亵渎神灵。他关于这些想法的论著久已失传，如果不是阿基米德在著作中提到的话，那么它大概早就被人们遗忘了。然而，历史赋予了他应有的地位，他远在哥白尼（Nicolas Copernicus，1473—1543）之前17个世纪就猜到了日心系统的概况，因此恩格斯热情地称颂阿里斯塔克为"古代的哥白尼"。

阿里斯塔克还想出一个巧妙的办法来测量地球与月亮的距离，只是直到一个半世纪之后伊巴谷（Hipparchus，约前190—约前120）才将它付诸实践。

古希腊所有的天文学家中，伊巴谷可以算是最伟大的了。遗憾的是，后人对他的生平几乎一无所知，只知道他出生于尼西亚这个地方（今土耳其的伊兹尼克），在爱琴海的罗德岛上建立观象台，发明了许多用肉眼观测天象的仪器，后来这类仪器在欧洲沿用了1700年。伊巴谷可能是在罗德岛去世的。公元二三世纪尼西亚的一些硬币上刻有他的坐像，硬币上的铭文是希腊文ΙΠΠΑΡΧΟΣ，即伊巴谷。可见至少在伊巴谷的家乡，在几个世纪中他的名声一直很大。伊巴谷为方位天文学——也就是天体测量学，奠定了稳固的基础。他测算出一年的长度是365又1/4天再减去1/300天，这个数字与实际情况只相差6分钟。他编制了几个世纪内日月运动的精密数字表，据此可以推算日月食。他还编出一份包含1000多颗恒星的星表，列出了它们的位置和亮度。伊巴谷是古希腊的一位知识巨人，西方人尊称他为"天文学之父"。他留下的大量观测资料，为后人的重大发现创造了条件。可惜，伊巴谷的著述均已失落，人们只是从托勒玫的著作中才了解到他的这些情况。

公元前150年前后，伊巴谷将阿里斯塔克提出的测量月亮距离的设想付诸实践。当时希腊人已经意识到，月食是由于地球处于太阳和月亮中间，从而地影投射到月亮上造成的。阿里斯塔克指出，掠过月面的地影轮廓的弯曲情况应该能显示出地球与月球的相对大小。根据这一点，运用简单的几何学原理便可以推算出月亮有多远：它与我们的距离是地球直径的多少倍。伊巴谷做了这一工作，算出月亮和地球的距离几乎恰好是地球直径的30倍。倘若采用埃拉托色尼的数字，取地球直径为12 700千米，那么月地距离就是38万千米有余。今天，我们知道月球绕地球运行的轨道是个椭圆，因此月地距离时时都在变化。月球离地球最远时为405 500千米，最近时则为363 300千米，由此可知月地之间的平均距离是384 400千米，伊巴谷的测量结果与此相当接近。

然而，尽管阿里斯塔克的方法十分巧妙，伊巴谷的观测技术又很高超，像他们那样做还是难以获得高度精确的结果。当近代天文学兴起之后，人们必然就会以更先进的方法来重新探讨"月亮离我们有多远"这个古老的问题。

从街灯到天灯

月亮，仿佛是一盏不灭的"天灯"。它与我们相隔着辽阔的空间，因此我们无法拿起尺子直接朝它一路量去，以确定这盏天灯的距离。利用月食推算的方法又过于粗略，天文学家们必须另找出路。幸好，这倒并不太困难。

人们早就懂得怎样计量地面上不能直接到达的目标有多远了。比如，在一条滔滔奔腾的大河对岸有一排街灯，我们既不用渡河，又可以知道这些灯有多远，这只要使用简单的三角测量法就行了。

例如图9（甲）中，我们站在A处，要测量C处这盏灯的距离，那可以这样做：先在当地［图9（甲）中的A处］立一根标杆，再顺着河岸向前走一段路，到某一点B停下，再立一根标杆。

AB 的长度可以用很准确的尺直接量出，这就是测量的基线。再用测角仪器测出 $\angle CAB$ 和 $\angle CBA$ 的大小。于是，在 $\triangle ABC$ 中知道了两个角和一条边，就立刻可以推算出〔或者，如图9（乙），用按比例作图的办法得出〕AC 的长度了。其实，这种方法在前面介绍实测子午线时已经谈过了。

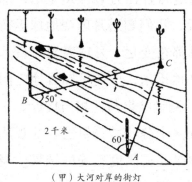

（甲）大河对岸的街灯　　　　（乙）按比例缩小后作图

图9　测量大河对岸街灯的距离

运用这种方法原则上很简单，但要注意基线不能太短。如果图9中的 AC 很长而 AB 却很短，那么 $\triangle ABC$ 就变得非常瘦长。这样的图形按比例缩小后画到纸上就很难画准，因此测量的准确程度就会降低。同样，即使不用作图法，两个角度只要测得稍许有些偏差，计算结果就会有很大的误差。

测量"天灯"的方法，其实也一样。我们只要在地面上选定一条很长的基线，量出它的长度，并在它的两端插上标杆，然后用"天灯"作为目标代替上面的街灯，再按同样的办法测出两个角度，就可以得到这盏天灯的距离了。

历史上，人们正是这样做的。首先用三角法测定月球距离的，是法国天文学家拉卡伊（Nicolas Louis de Lacaille，1713—1762）和他的学生拉朗德（Joseph-Jérôme Le Français de Lalande，1732—1807）。拉卡伊年轻时曾打算做一名罗马天主教教士，因而钻研神学。不过，他对数学和天文学的兴趣又超过了神学，最后终于成为出色的天文学家。拉朗德比他的这位老师小19岁，青年时研究过法律，当时他恰好住在一座天文台附近，这唤起了他对天文学的强烈兴趣。因此，他学完了法律却没有去当律师，而成了一名有作为的天文学家。

1752年，拉朗德来到柏林。当时，他的老师拉卡伊正在非洲南端的好望角。这两个地方差不多处在同一经度圈上，纬度则相差90°有余。他们同时在这两个地方进行观测，首次用三角法来测定月亮与地球的距离，他们之间的基线比地球的半径还要长。在图10中，B代表柏林，C代表好望角。夜幕降临，月亮从地平线上越升越高。当它到达最高点时，在图10中的位置是M。这时，容易在B点（柏林）测量出月亮M的天顶距（即离开头顶方向的角度），它用Z_B表示；同样容易在C点（好望角）测出月亮M的天顶距Z_C。圆弧BC的度数是知道的，它正是柏林与好望角两地之间的纬度差，这个数值也正好是$\angle BOC$的大小。

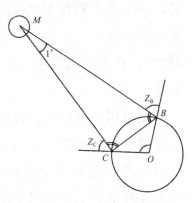

图10　在柏林（图中B点）和好望角（图中C点）同时观测月亮（M），O代表地球中心。Z_B和Z_C分别是月亮M在B点（柏林）和C点（好望角）的天顶距

OB、OC是地球半径，它的长度，我们已经知道。于是，在$\triangle BOC$中已知两条边和它们的夹角$\angle BOC$，就立即可以算出BC之长与另外两个角$\angle OBC$和$\angle OCB$的大小。根据这两个角和Z_B、Z_C，就可以知道$\triangle MBC$中的两个角$\angle MBC$和$\angle MCB$之值。最后，既然在$\triangle MBC$中知道了一条基线和两个角，月球离地球的距离也就唾手可得了。

拉卡伊和拉朗德计算的结果是：月球与地球之间的平均距离

大约为地球半径的60倍，这和现代测定的数值很相近。

这两位学者的其他事迹，也很有趣。拉卡伊在好望角期间编制了一份巨大的南天星表，命名了14个南天星座，填补了南天星座尚存的全部空缺。它们的名称一直沿用至今。拉卡伊虽然很穷，但还是有求必应地把星图的副本分送给每位索取者。他为了制作星图和星表而拼命工作，耗尽了精力，严重损害了健康，去世时还不到50岁。

他的学生拉朗德却比较长寿，活了75岁。拉朗德于1795年63岁时就任巴黎天文台台长。他编了一份包含47 000颗恒星的星表。其中有一颗编号为21185的，后来查明是少数几颗离太阳最近的恒星之一，它的名字现在就称为拉朗德21185。它也就是HD 95735，只有半人马α、巴纳德星和沃尔夫359星才比它离我们更近些。

很值得一提的是，拉朗德还是一位了不起的天文知识普及家。他年轻力壮的时代，正值18世纪法国资产阶级大革命的前夜。当时的一部分启蒙运动思想家编撰了著称于世的《百科全书》（全称《百科全书，科学、艺术和工艺详解词典》），其核心人物是主编狄德罗（Denis Diderot，1713—1784）。《百科全书》自1751年第一卷问世，到1772年完成28卷，历时20余年之久，达朗贝尔（Jean le Rond D'alembert，1717—1783）、伏尔泰（Voltaire，1694—1778）、卢梭（Jean-Jacques Rousseau，1712—1778）、爱尔维修（Claude Adrien Helvétius，1715—1771）等著名学者先后参与合作，而其中的全部天文学条目均出自拉朗德之手。

雷达测月和激光测月

用三角法测量得到的地月平均距离为384 400千米，这已经很精确了。但是，天文学家们并不满足。雷达测月便是从20世纪

50年代后期开始发展起来的新方法，当时雷达技术是人类探索太阳系天体的卓有成效的新手段。

雷达测月的方法直截了当。如图11所示，在地球上的某天文台 A 向月球发出一个无线电脉冲，并记下发出脉冲的时刻 t_1；这个脉冲信号到达月球上的 B 点后，又反射回 A 点，记下接收到返回信号的时刻 t_2。电波传播的速度就是光的传播速度 c，它在 (t_2-t_1) 这段时间内走过的路程是 $c(t_2-t_1)$，这正是在 AB 两点之间往返一次的长度，所以 AB 之间的距离便是 $c(t_2-t_1)/2$。再经过一些推算，即可进而定出月球中心到地球中心的距离。

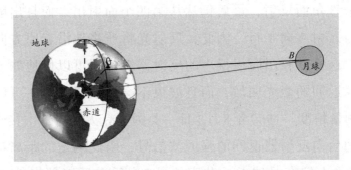

图11 雷达测月示意图。A 是地球上的一座天文台，它的雷达发出的无线电脉冲从月球上的 B 点反射回来

早在1946年，就有人首次尝试用雷达测量地球到月球的距离。第一次成功的"雷达测月"是1957年的事，从那以后这种方法取得了很大的进展。通过系统的测量得知，地月平均距离为384 400千米，其误差不超过1千米。

激光的发明为整个科学技术领域提供了强大的新武器。1960年，第一台红宝石激光器问世，从此激光技术便飞速向前发展。这使天文学家获得了将雷达天文学扩展到光学波段的可能。在测量月地距离时，人们用"光雷达"取代无线电雷达，这便是现在很受推崇的"激光测月"工作。由于激光的方向性极好，光束非常集中，单色性极强，因此它的回波很容易与其他来源的光（例如背景太阳光）区分开来，所以激光测月的精度也远较雷达测月为高。

最初成功地接收到来自月面的激光脉冲回波是在1962年，它为激光测月拉开了序幕。7年之后，即1969年7月，美国的"阿波罗11号"宇宙飞船第一次将两位宇航员送上月球，他们在月面上安放了第一个供激光测距用的光学后向反射器组件。它的大小是46厘米见方，上面装着100个熔石英制成的后向反射器，每个直径为3.8厘米。这种反射器实际上是一个四面体棱镜。它有一种奇妙的特性：当一束光以任何角度投向第四个面时，它依次经过另外三个直角面反射，最后仍然从第四个面射出，而且出射方向严格地与入射方向平行，因此，反射光将严格地沿着原方向返回发射站。这样，利用面积很小的反射器组件就可以使地球上接收到从月球返回的激光回波，而且波束不会扩散得很宽，可以获得极高的测量精度。1969年8月1日，美国里克天文台首次接收到从月面上的后向反射器返回的强回波信号，由此测定的距离精度已高达7米。人们在月球上一共安放了5个后向反射器组件，到20世纪80年代，测月精度就已经达到8厘米左右。

应用精确的月球测距资料，使人们对月球环绕地球的轨道运动琢磨得更透彻了。这对于研究月球的内部结构、地月系统的质量、地球的自转、地极的移动以及检验引力理论等，都具有很重要的意义。

激光测月比过去采用三角法测定月球距离的精度提高了上千倍，20世纪末借助更优质的新颖激光器，更使测距精度达到了2～3厘米。这必将有助于更好地了解月球和地球的物理性质，更有力地促进天文学和其他相关科学技术的新发展。

太阳离我们多远

转向了太阳

前面谈到古希腊时代萨摩斯岛的阿里斯塔克巧妙地推算出太阳到地球的距离比月球到地球的距离远19倍，实际情况比这个数字大20倍左右。16世纪，哥白尼虽然提出科学的日心宇宙体系，但他也不知道太阳究竟离我们有多远。直到1650年，比利时教士兼天文学家温德林（Godefroy Wendelin，1580—1667）才利用改进的仪器重复阿里斯塔克在将近两千年前所做的观测，求得日地距离是阿里斯塔克所得数值的12倍——约为月地距离的240倍，约9600万千米。尽管这还是比太阳到地球的真实距离小了1/3，但总算可以让人类初步领略太阳系的实际大小了。

在近代天文学中，将太阳和地球之间的平均距离称为一个"天文单位"，它是天文学中的一把"尺子"。现在我们想要知道的，是这把尺子究竟有多长。我们需要的，不再是像阿里斯塔克那样的粗略估计，而是要得到一个尽可能精确的数字。

中国古代有个神话，叫作"羿射九日"。说的是尧统治天下的时候，天上忽然出现了十个太阳，把地上的草木都晒得枯焦了。有位名叫羿的英雄，奉尧之命，张弓搭箭射下九日。蓝天之上还闪耀着一个太阳，给人间送来光明和温暖，百姓们非常高兴。

虽然这个故事不是真实的，但它反映了古人征服大自然的愿望。我们不妨计算一下，假如羿这位大力士射出的箭和最快的飞机一样快，它要飞多久才能到达太阳呢？

现代有些飞机每秒钟可以飞1千米左右，按照这样的速度，17分钟就可以从北京直达上海。以同样速度飞行的神箭，却要4年9个月才能飞到太阳。

图12　连神通广大的孙悟空都在感叹，从地球到太阳真是太遥远啦

孙悟空一个跟头就是十万八千里。可是，就连老孙也得翻上2700多个跟头才能到达太阳呢（图12）！

一个天文单位是很长的，光线通过这样一段距离要花499秒钟（也就是8分19秒）。相比之下，地球上发出的激光脉冲射到月球上只需要约1.3秒钟就够了。

但是，测量太阳有多远的方法与测月的办法是完全不同的。因为太阳不像月球，它的圆面上没有固定标记。所以，如果用三角法测量，那就没有可供瞄准的精细目标，而月球上的环形山是可以起到这种作用的。太阳黑子虽说也是日面上显著的特征，但是它活像水中的漩涡，时而产生时而消失，并且它在太阳圆面上的位置并不严格固定，而是有漂移的。因此，它也不能作为测量的瞄准目标。再则，太阳是一个极亮的光源，测量仪器直接以它为观测对象，显然很不方便。要像雷达测月和激光测月那样，向太阳这个灼热的火球发射雷达信号或者激光脉冲，并接收由太阳反射的回波信号以测定太阳的距离，那只是一首并不现实的畅想曲。

不过，人们完全可以不这样做。因为，早在约400年前已经问世的"开普勒行星运动三定律"恰恰在这里又发挥了绝妙的作用。这儿，正是它们的用武之地。

开普勒和他的三定律

在16世纪，丹麦有一位第谷·布拉赫（Tycho Brahe，1546—1601），是望远镜诞生以前最优秀的天文观测家。他出身贵族家庭，13岁就进入哥本哈根大学学习法律和哲学。16岁时观看了一次日食，从此开始转向研习天文学和数学。

第谷性情乖僻，这使他招惹了许多麻烦。他19岁那年曾为争论某个数学问题而与人决斗，结果被削掉了鼻子，以至于终生都戴着一个金属假鼻。曾有人怀疑此事的可信度，但是20世纪发掘的第谷尸骨证实了此言果然不虚。他念念不忘自己是个贵族，甚至进行天文观测时也都要穿上礼服。

1576年，丹麦国王腓特烈二世将位于哥本哈根附近丹麦海峡中的汶岛赐予第谷，并拨款供他在岛上建造天文台。1580年，第谷的"天堡"在汶岛落成，那是欧洲第一座规模宏大的天文台。1584年，第谷又在"天堡"附近建成规模稍小的"星堡"。天堡和星堡配备的大量天文仪器都由第谷亲自设计，并由专职工匠制成。

第谷的天文仪器是当时世上最大最精密的。他在汶岛进行天文观测长达20余年，积累了极其宝贵的观测资料，特别是关于行星运动的数据。在他的保护人丹麦国王腓特烈二世去世后，第谷

图13　发现行星运动三大定律的德国天文学家开普勒

与新国王闹翻了。他被迫于1597年举家离开汶岛，天堡和星堡从此废弃。1599年，第谷到达布拉格，充当神圣罗马帝国皇帝鲁道夫二世的御前天文学家。不久，他结识了一位很有才气的青年天文学家，德国人约翰内斯·开普勒（Johannes Kepler，1571—1630，图13）。

贵族出身的第谷热衷于盛宴豪饮，严重地损害了健康。他在临终之前曾喃喃地呻吟："唉，别让我白活了一场，别让我白活了一场。"幸好，助手开普勒继承了他毕生积累的观测资料——尤其是有关火星的数据，继续深入研究，最终发现了著名的行星运动三定律。1601年10月第谷在布拉格病逝，帝国为他举行了隆重的国葬。

开普勒幼时体弱多病，一场天花几乎使他丧命。他视力不好，但很善于思索，少年时代最初的兴趣是神学。他17岁时进入蒂宾根大学基督教神学院攻读，1591年获得硕士学位。在数学和天文学教授米切尔·麦斯特林（Michael Mästlin，1550—1631）秘密宣传哥白尼学说的影响下，开普勒成了哥白尼的忠实信徒。1594年，开普勒到奥地利格拉茨的一所学校教数学，并抛弃了做牧师的想法。

1596年，开普勒写了一本书，名叫《宇宙的神秘》，承袭了毕达哥拉斯学派的"天球和谐"理论。书中虽然神秘色彩浓郁，但仍清楚地表明他赞同哥白尼的日心宇宙体系。后来，开普勒应"星学之王"第谷的邀请前往布拉格。第谷去世后，开普勒继任鲁道夫二世皇帝的御前天文学家。第谷那些价值连城的观测资料——包括对火星的几千次观测，到了开普勒手里才充分发挥了作用。开普勒利用这些资料，特别详细地研究了火星运动的轨道。经过无数次尝试和摸索，终于查明"火星沿椭圆轨道绕太阳运行，太阳处于椭圆焦点之一的位置上"。这便是开普勒行星运动第一定律的雏形。

开普勒发现，如果认为火星的轨道是圆的，则始终不能与第谷的观测数据相符，只有改用椭圆才能完全一致。这两者的差异，仅仅为8个角分。可是，正如开普勒本人所说："就凭这8个角分的差异，引起了天文学的全部革新！"

这里，我们顺便谈谈椭圆的一些奇妙特性。每个椭圆都有两个焦点，如图14中的 F_1 和 F_2。椭圆上任何一点到两个焦点的距离之和总是相等的。所以，图14中的 $F_1A_1 + A_1F_2 = F_1A_2 + A_2F_2 = F_1A_3 + A_3F_2 = F_1A_4 + A_4F_2 = \cdots\cdots$ 利用这一特点，就有了一种简易的画椭圆的办法：只要用一支

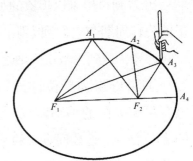

图14 从椭圆上的任何一点到两个焦点 F_1 和 F_2 的距离之和总是相等的

铅笔、一根细线、两颗图钉，按图14那样，将图钉按住细线的两端，用铅笔套在细线里绷紧了画个圈儿就行了。容易明白，两颗图钉就是它的焦点。

椭圆还有一种奇妙的特征：倘若正好沿着一个椭圆的周界，面向椭圆内部布满镜子，那么放在一个焦点上的蜡烛或者灯泡发出的光，照到椭圆边界镜子上的任何一点后，就一定都会被反射到另一个焦点上。图14中，从一个焦点 F_1 发出的光，射到 A_1、A_2、A_3……后，分别沿着 A_1F_2、A_2F_2、A_3F_2……全部反射到另外一个焦点 F_2。

开普勒又发现，行星在近日点处运行得最快，在远日点处运

行得最慢。但是行星与太阳的连线（这称为行星的向径）在同样时间里总是在椭圆内扫过相同的面积。

1609年，开普勒在他的《新天文学》一书内公布了他的头两条定律。

第一定律：行星绕太阳运行的轨道是椭圆，太阳在它的一个焦点上。

第二定律：行星向径在相等的时间内扫过相等的面积。这条定律又称为"面积定律"。

开普勒付出难以想象的艰巨劳动，在十几年内一直试图找出诸行星的公转周期与它们到太阳的距离之间的关系。他做了极为繁复的尝试和计算，遭到无数次失败之后，终于发现了行星运动的第三定律。

如果以年为单位计算行星的公转周期 T，以天文单位来量度该行星与太阳的平均距离 a（不难看出，它就是这颗行星轨道椭圆的半长径），那么周期 T 的平方就恰好等于平均距离 a 的立方。也就是说，对于每一颗行星都有：

$$a^3 = T^2$$

或者，对于轨道半长径分别为 a_1 和 a_2，公转周期分别为 T_1 和 T_2 的任意两颗行星，必定有（见表1）：

$$\frac{a_1^3}{a_2^3} = \frac{T_1^2}{T_2^2}$$

开普勒将这条定律发表在1619年出版的一本书中，他意味深长地将这本书取名为《宇宙谐和论》。就像第谷为开普勒发现这三条定律奠定了观测基础一样，开普勒的行星运动三定律也为英国大科学家艾萨克·牛顿（Isaac Newton，1643—1727）后来发现万有引力定律筑起了抵达彼岸的金桥。

表 1　行星轨道半长径 a、公转周期 T 以及 a^3 和 T^2 的数值

行　星	a（天文单位）	T（年）	a^3	T^2
水　星	0.387	0.241	0.058	0.058
金　星	0.723	0.615	0.378	0.378
地　球	1.000	1.000	1.000	1.000
火　星	1.524	1.881	3.537	3.537
木　星	5.203	11.862	140.8	140.8
土　星	9.539	29.456	867.9	867.6
天王星	19.191	84.070	7068	7068
海王星	30.061	164.81	27 165	27 162

　　1630年，开普勒为贫困所迫，不得不长途跋涉去向日耳曼议会索讨拖欠他的薪俸，不幸途中突发高烧，在巴伐利亚的雷根斯堡市因贫病交加而离世。

　　行星运动必定遵循开普勒阐明的三条定律，因此后人尊称他为"天空立法者"。不过，开普勒并不明白行星为什么会这样运动。半个多世纪后，英国大科学家牛顿在上述三条定律的基础上继续深入研究，最终发现了万有引力定律。人们这才明白，行星之所以像开普勒所描述的那样运动，乃是因为太阳和行星之间的万有引力在起作用。

卡西尼测定火星视差

　　开普勒第三定律实际上就是说：只要知道了行星绕太阳公转一圈需要几年，便可以算出它距离太阳有多少个天文单位。从此，才第一次有了按比例精确绘出太阳系中所有行星的轨道形状和它们的相对距离之可能。而且，倘若能测出太阳系中任何两个行星之间的距离，便立刻可以推算出太阳系其他成员彼此间的距离了。这样，就可以根据行星离地球的远近来推算太阳的距离，而不必

再像阿里斯塔克或温德林那样直接观测太阳了。

现在，终于到了介绍测定天体距离时必不可少的一个重要概念——"视差"的关键时刻。事实上，我们这本小册子所说的，就是人们在探索各种天体的"视差"的过程中，怎样不断地从胜利走向新的胜利。

视差是什么意思呢？比如，你伸出一个手指放在眼睛前面30厘米远处。先闭上右眼，只用左眼看它，再闭上左眼，只用右眼看它，你就会发觉手指相对于远方景物的位置有了变化。这是因为左眼与右眼是分别从不同的角度去看这个手指的。从不同角度去看同一物体而产生的视线方向上的这种差异，就称为"视差"（图15）。显然，手指放得越近，分别用左、右眼观看时这种方向上的差异就越大；手指放得越远，分别用左、右眼观看时方向上的差异就越小。因此，一个物体的距离越近，视差就越大；距离越远，视差就越小。

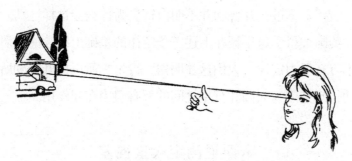

图15　分别用左眼和右眼观看同一个手指时的视差

前面谈到的拉卡伊和拉朗德测定月球距离的方法，实际上便是测定月球的视差。倘若我们不是在柏林和好望角测量，而是恰好从地球两侧遥遥相背的两点进行观测，那么这时的基线长度便等于地球的直径，而这时得到的视差角度的一半，便称为"地心视差"（图16）。

月球的地心视差是57′2.6″，即稍小于1°。这个角度与从1.5

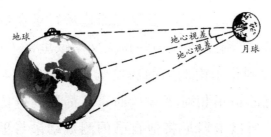

图16 从地球两侧正好相背的两点进行观测，所得到的视差角度的一半称为"地心视差"

米远处看一枚1元硬币的张角近乎相等。但是太阳和其他行星的视差就小得多了。早在公元2世纪，托勒玫便用三角学方法，根据视差确定过月球和地球的距离，其结果与伊巴谷得出的数值大致相符。但是又过了约1500年，才有人第一次用视差法测量比月球更远的天体的距离。

那是法国历史上的路易十四（Louis XIV，1638—1715）时代，科学、文学、艺术都颇为繁荣，例如闻名于世的巴黎天文台就是1671年建成的。主持建造巴黎天文台并领导这座天文台长达40年之久的让·多米尼克·卡西尼（法语名Jean Dominique Cassini，意大利语原名Giovanni Domenico Cassini，1625—1712），是路易十四从意大利引进的杰出人才，对天文学贡献良多。卡西尼一家四代对法国天文学影响深远，1712年上述第一代卡西尼与世长辞，他的第二个儿子雅克·卡西尼（Jacques Cassini，1677—1756）继任巴黎天文台领导人；雅克·卡西尼去世后，巴黎天文台又由雅克的次子塞萨尔·弗朗索瓦·卡西尼（César François Cassini de Thury，1714—1784）执掌。1771年，巴黎天文台正式设立台长一职，塞萨尔即为台长。1784年塞萨尔逝世，巴黎天文台台长一职又由他的独生子雅克-多米尼克·卡西尼（Jacques-Dominique Cassini，1748—1845）继任。

1672年，让·多米尼克·卡西尼（即第一代卡西尼）测出了火星的视差。当时，他在巴黎观测这颗行星在群星之间的位置，而与此同时，他又安排另一位天文学家里奇（Jean Richer，1630—1696）到位于南美洲的法属圭亚那的卡宴城去进行同样的观测。所有的恒星相对于火星而言，都遥远得仿佛是完全固定在天穹上，所以卡西尼将他自己的测量结果与里奇的那些测量综合起来，就得到火星的地心视差为25″，并由此推算出太阳的地心视差为9.5″。这是有史以来第一次比较接近实际情况的测量结果，与此相应的日地距离则为13 800万千米。这虽然比地球与太阳的真实距离还是小了7%，但是同阿里斯塔克、波西冬尼斯甚至温德林的推算相比，卡西尼的结果已经是巨大的飞跃了。

里奇于1666年入选法兰西科学院。他在卡宴城除了观测火星，还有一项功绩，即发现摆的节律在卡宴城要比在巴黎慢。一只在巴黎走得很准的摆钟，到了卡宴就会在一天之内慢上两分半钟。里奇认为这是由于卡宴城的重力比较弱，故可推测它离地心比较远。因为卡宴城位于赤道附近的海平面上，所以里奇实际上论证了地球的确是一个扁球体，赤道处的海平面要比两极处距离地心稍远。这项成就使他于1673年回到巴黎时赢得了热烈的欢呼和喝彩。据说，这种令人兴奋的场面引起他的上司卡西尼的妒忌。由于里奇还是一个军事工程师，卡西尼便将他支遣到地方上去修筑城防设施。里奇默默无闻地度过了自己的余生，1696年在巴黎去世。

卡西尼领导筹建的巴黎天文台拥有当时世上第一流的天文观测仪器，那时法国的著名剧作家莫里哀（Molière，1622—1673）曾用"大得骇人"这一词来形容卡西尼的望远镜。卡西尼本人无疑是一位卓越的天文观测家。他发现了土星的4颗卫星，还发现了土星光环中的缝隙（后来称为"卡西尼环缝"）；他绘制了一幅巨大的月面图，其质量之高在一个多世纪内没有人能超过它；他还测定了火星的自转周期，研究了木卫的运行……可惜，他在理论上却保守得令人吃惊。他是最后一位不接受哥白尼理论的著名天文学家，他也反对开普勒的行星运动定律。卡西尼认为行星绕太阳公转的轨道不是椭圆，而是所谓的"卡西尼卵形线"（在数学上，这是一种"四次曲线"，是到两个定点的距离之积为常数的动点轨迹），他还拒不接受牛顿的万有引力理论。这种保守倾向对18世纪法国天文学的发展甚为不利，因此对卡西尼的评价历来分歧很大。比较公允的看法大致是：他是一位成绩卓著的杰出观测者，虽然他在理论上落后于时代，但并不妨碍他置身于17世纪最重要的天文学家之列。

在结束这一节之前，再用按比例图解的方式来概括一下，怎样由行星的视差来推算太阳的距离。

观测一颗行星在天空中的位置变化，便可以用天文方法确定它的椭圆轨道的形状和大小，以及它绕太阳公转一周所花费的时间。根据开普勒行星运动第三定律，便可以算出它与太阳的平均距离是多少天文单位。然后，我们画一张图（图17），其中S代表太阳，E代表地球，P代表行星。地球轨道虽说也是一个椭圆，但它与正圆非常接近，图上就将它画成半径1厘米的圆。请记住，ES的距离在图中只有1厘米，实际上却是1个天文单位！行星P离我们时近

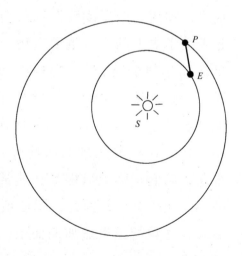

图17　从观测行星推算太阳的距离示意图。图中S代表太阳，E代表地球，P代表行星

时远，当它特别靠近我们时，就可以像月球那样，用三角测量法直接测出它的视差了。于是，我们既知道了 PE 是多少千米，又可以从图上量出 PE 是多少厘米（实际上也就是多少天文单位），那么，每个天文单位等于多少千米也就一清二楚了。

继卡西尼之后，又有法国天文学家马拉尔迪（Giacomo Filippo Maraldi，1665—1729）于1704年由观测火星求得太阳的视差为10″左右，英国天文学家布拉德雷（James Bradley，1693—1762）于1719年求得的结果为10.5″，拉卡伊于1751年求得的结果为10.2″。不过，这些数值反倒不及卡西尼测得的9.5″精确。

金星凌日

英国天文学家哈雷（Edmund Halley，1656—1742）早就提出，利用"金星凌日"的机会也可以测定太阳的视差。哈雷是天文学史上的一位重要人物，19岁时就发表了论述开普勒行星运动定律的著作。1705年，哈雷出版专著《彗星天文学论说》。他发现，1456年、1531年、1607年和1682年出现的几颗彗星轨道都很相似，相邻两次出现的时间间隔均为75～76年，其中1682年出现的那颗彗星他还曾亲自观测过。哈雷由此推断，它们实际上可能是在非常扁长的椭圆轨道上绕太阳运行的同一颗彗星，并因此大胆地预言"它将于1758年再度归来"。后来，这颗彗星果然如期而至，世人便将它称为"哈雷彗星"，1835年、1910年、1986年它又先后回归3次，2061年它还会再次归来。

哈雷的发现表明，原先貌似行踪不定的彗星，其实也同行星一样是太阳王国的臣民。更重要的是，彗星的周期性回归，为万有引力理论提供了令人信服的证据，有力地促使欧洲学术界普遍接受了这一理论。1720年，英国首任皇家天文学家弗拉姆斯提德（John Flamsteed，1646—1719）去世后，哈雷受命继任，直至1742年与世长辞。

所谓"金星凌日"，就是从地球上看去，金星恰好投影在日面上，或者说，正好从太阳前方经过。在图18中，V代表金星，E代表地球，P_1和P_2是地球上的两个地方，S代表太阳。金星凌日时，从地球上的P_1和P_2两处同时进行观测，可以看见金星投影在日轮上不同的两个位置V_1和V_2，在金星移动的过程中，这两个点沿着两条平行的弦经过日轮。根据观测可以求得$\angle P_1VP_2$的大小，据此根据开普勒第三定律，再运用一些简单的三角学知识，又可以推算出$\angle P_1SP_2$的数值，倘若P_1P_2的直线长度（不是弧长而是弦长）正好就等于地球的半径，那么，$\angle P_1SP_2$就正好是太阳的地心视差。

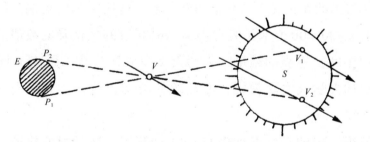

图18　利用金星凌日测定太阳视差。图中V代表金星，E代表地球，S代表太阳。金星凌日时，从地球上的P_1和P_2两处同时进行观测，可以看见金星投影在日轮上不同的两个位置V_1和V_2

哈雷提出观测金星凌日来推算太阳的视差，是在1716年。但是他本人未能将这种方法付诸实践，因为金星凌日不是经常发生的。那时，最近的两次金星凌日也须等到1761年和1769年才会来到。哈雷虽然是一位长寿的天文学家，活了86岁，但于1742年去世了。天文学家们为了观测1761年和1769年的金星凌日，事先做了充分准备，组织多个远征队到世界各地去，希望在最好的条件下进行观测。可惜，有许多复杂的因素损害了观测的精度。1761年金星凌日时，各观测队求得的太阳视差数值差异很大：有的小到7.5″，有的大到10.5″。但是，天文学家们不屈不挠，重新努力，使1769年的观测大有进步。这次观测之后一共发表了两百多篇有关太阳视差的科学论文，其中大多数结果都在8.5″～8.8″之间。法国天文学家潘格雷（Alexandre-Gui Pingré，1711—1796）综合分析全部资料后，于1775年公布了最后结果：太阳的视差为8.8″。这是一个非常准确的数字，可惜当时人们并不重视它。

再往后的两次金星凌日，发生在1874年与1882年。在等待它们到来之前，天文学家们有足够的时间重新研究过去的观测资料。德国天文学家恩克（Johann Franz Encke，1791—1865）于1824年发表了完整的讨论结果：太阳的视差为8.57″，由此算出地球至太阳的距离是153 000 000千米，这比实际情况偏高约2%，即多了3 400 000千米，但它仍是当时获得的最精确的数值。直到19世纪中叶，恩克的结果一直为天文学界所公认。恩克于1825年成为柏林大学天文学教授，兼任柏林天文台台长，同年当选柏林科学院院士。

值得一提的是，恩克于1819年计算了一颗彗星的轨道，证明这颗彗星的回归周期只有3.3年，此后这颗彗星便被称为恩克彗星。它是继哈雷彗星之后，第二颗被预言回归的彗星，也是人们已发现的周期最短的彗星。1835年，恩克彗星从离水星极近的地方掠过，人们由此第一次获得了测定水星质量的机会——根据它的引力对彗星轨道的影响来推算。

最后，等待已久的1874年和1882年金星凌日终于来临。根据1874年金星凌日的观测，天文学家们求得太阳的视差在

8.76″～8.91″之间。根据1882年的观测，又求得它在8.80″～8.85″之间。美国天文学家纽康（Simon Newcomb，1835—1909）重新综合前两个世纪4次金星凌日所取得的观测资料，于1895年最终得出：太阳的视差是8.797″。从1896年起直至1967年，国际天文学界都采用太阳视差值为8.80″。这些数字与此后公认准确的8.794″很接近。

纽康取得的成就令世人瞩目，然而他少年时代未能接受正规教育，而仅在一个庸医那里当过学徒。纽康是在加拿大出生的，1853年18岁那年到正在美国的父亲身边自学、教书。5年后的1858年他终于在哈佛大学毕业，1861年被任命为美国海军天文台的数学教授，最后升到海军少将军衔。1884年纽康成为约翰·霍普金斯大学的数学兼天文学教授，同时他还是一位著名的科普作家。

纽康之后，人们放弃了用金星凌日来测定太阳视差的方法。因为一种更新颖的方法已经步入天文台的大门。

地球的小弟弟——小行星

正当天文学家们为金星凌日观测结果中存在的种种差异而伤脑筋的时候，他们又重新发现三角测量法大有希望。这就是说，可以从观测小行星冲日获得更准确的日地距离。

目前，太阳系中总共才发现8颗行星。可是，它们的小弟弟——小行星却多得数以十万计。人们之所以称它们为小行星，就是因为它们很小，比正宗的行星小得多。

最先发现的第一颗小行星名叫"谷神星"，它是19世纪向天文观测家们惠赠的第一件礼品。1801年1月1日晚上，意大利天文学家皮亚齐（Giuseppe Piazzi，1746—1826）首先从望远镜里发现了它。谷神星是最大的一颗小行星,直径约1000千米。我们的月球直径是3476千米,比谷神星大得多。可是论"辈分"的话,月球还得管谷神星叫"叔叔",因为谷神星是直接环绕太阳旋转,月球却只是绕着一颗行星(地球)旋转的卫星而已。

1802年3月28日,德国天文学家奥伯斯(Heinrich Wilhelm Matthias Olbers,1758—1840)十分惊奇地发现了一颗新的小行星,即第2号小行星"智神星",其运行轨道与第1号小行星谷神星相近。第3号小行星"婚神星"是1804年发现的,第4号小行星"灶神星"则发现于1807年。它们的直径均达数百千米,在小行星世界中皆名列前茅。虽然第5颗小行星姗姗来迟,直到1845年才露面,但是以后的发展很迅速。又过了45年,到1890年,人们已经掌握287颗小行星的运行轨道。

绝大多数小行星都远比谷神星小,直径几十千米或几千米的小行星远比100千米以上的小行星多得多。1949年发现的1566号小行星"伊卡鲁斯",直径仅1500米左右,只不过相当于一座小山而已。伊卡鲁斯原是希腊神话中的一个人物,当他还是一个孩子的时候,便与父亲代达勒斯一起被囚于克里特岛的迷宫中。代达勒斯是旷世鲜有的巧匠,他用鹰羽、蜜蜡和麻线制成两对强有力的翅膀,大的那对给自己用,小的那对装在伊卡鲁斯的肩上。他们就这样远走高飞,逃出迷宫。代达勒斯叮嘱他的孩子切不可飞得太高,以免过分靠近太阳。可是,小伊卡鲁斯获得自由后非常高兴,他忽而低掠海面,忽而高翔空中。最后,他飞得太高了,灼热的太阳光烤熔了他双翼上的蜜蜡。失去翅膀的小伊卡鲁斯坠入大海,后来人们就把这块水域称作伊卡鲁斯海。

把1566号小行星命名为"伊卡鲁斯"的原因,就是由于在当时所知的所有小行星中，它可以跑到离太阳最近的地方。绝大部分小行星的公转轨道都在火星与木星之间，"伊卡鲁斯"有时却一直跑到水星轨道以内。它的轨道拉得很长，是个特别扁长的椭圆，所以它远离太阳时还是跑到了火星轨道以外（图19）。这种轨道扁长的小行星，有时会非常接近地球。比如，1937年发现"赫尔米斯"小行星时，它离我们大概只有800 000千米，只比月亮远一倍左右。"赫尔米斯"的直径大概只有"伊卡鲁斯"的一半。1936年发现的"阿多尼斯"，可能只有300米长，与其说它是一颗小小的星星，还不如说它是一块巨大的石头。它似乎到过离我们不超过160万千米的地方。不过，"阿多尼斯"后来又失踪了，至今也没能为它正式编号。

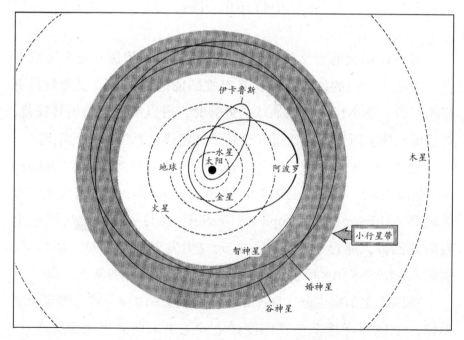

图19　一些小行星的轨道示意图

在庞大的小行星家族中，有不少是由中国天文学家发现的，它们大多以中国的人名或地名命名。例如：1125号"中华"，1802

图20 我国1990年发行的一款纪念邮票,上面写着"天文科学家张钰哲,一九○二—一九八六",旁边还有这样一行小字:"张〔(2051)Chang〕",以表彰张钰哲在研究小行星方面的突出贡献

号"张衡",1972号"一行",2012号"郭守敬",2045号"北京",2077号"江苏",2078号"南京",2169号"台湾",2197号"上海",2344号"西藏"等。美国天文学家发现的2051号小行星命名为"张",则是为了表彰长期担任中国科学院紫金山天文台台长的张钰哲在研究小行星方面的突出贡献(图20)。

小行星的功绩

即使在很大的天文望远镜里看,小行星也仿佛只是个光点而已。因此,它们的位置能够比具有视圆面的火星或金星测量得更精确。当一颗小行星跑到地球的近旁时,可以准确地测出其视差,并且可以如上所述,再通过开普勒第三定律推算出太阳的距离。

最初提出这种方法的,是德国天文学家加勒(Johann Gottfried Galle,1812—1910)。他曾在1846年根据法国天文学家勒威耶(Urbain Jean Joseph Le Verrier,1811—1877)从理论上做出的预告,通过望远镜率先在天空中发现了海王星。1873年,加勒率先测定了第8号小行星"花神星"(Flora)的视差。

英国天文学家吉尔(David Gill,1843—1914)曾为测定天文单位,于1874年率队前往印度洋上的毛里求斯岛观测金星凌日。但因金星具有可见的视圆面,它的边界因大气的影响而变得模糊,人们就难于定准它同日面接触的确切时刻。吉尔也如加勒已想到的那样,认为观测呈恒星状光点的小行星应该更为有利。1877年,吉尔观测"婚神星"求得太阳的视差为8.77″。吉尔从1879年至1907年是好望角天文台的皇家天文学家,在此期间的1888—1889年,南北两半球的6个天文台通力协作观测3颗小行星——第7号小行星"虹神星"(Iris)、第12号小行星"凯神星"(Victoria)和第80号小行星"赋神星"(Sappho),至1895年由吉尔整理出最终结果:太阳的视差为8.802″。他第一次将太阳视差的测量推进到小数点之后的第三位数字,这可以算是一项很突出的成就。1895年,在巴黎举行的一次国际会议上决定采取太阳视差值为8.80″,便是综合吉尔和纽康的结果得出的。

1898年,发现了第433号小行星"爱神星"(Eros)。在古希腊神话中,这位手持金箭的小爱神名字叫"厄洛斯",他的父亲是战神阿瑞斯,母亲是鼎鼎有名的爱与美之女神阿佛洛狄忒。在古罗马神话中他被称为丘比特。丘比特的艺术形象是一个长着双翅的可爱的裸体小男孩,常手执弓箭在空中飞翔,谁中了他的金箭谁就立刻会产生爱情。爱神星的亮度时刻在变化,这表示它在不停地自转,常常以不同侧面对着我们,自转一圈是5小时16分钟。爱神星被发现后不久,便成了当时所知离我们最近的一颗小行星。因此天文学家们决定组织一次国际性大协作的观测。

1900—1901年间,适逢爱神星冲日。在地球轨道以外的行星,如果从地球上看去正好处于同太阳相背的方向上,即它在天穹上的位置正好与太阳相距180°,那么这时就称该行星冲日。这次各国天文台的观测结果由英国天文学家欣克斯(Arthur Robert Hinks,1873—1945)统一进行综合,最后得出太阳视差为8.806″。后来,1930—1931年间爱神星再次冲日,当时它距离我们不足2500万千米,比金星或火星离我们最近时还要近得多。14个国家的24个天文台一起测量它的距离,英国皇家天文学家琼斯(Harold Spencer Jones,1890—1960)花了10年时间进行计算,于1942年据此求得太阳视差为8.790″，即一个天文单位的长度是149 735 000千米，这与目前确定的日地距离仅在第四位数字上有差异。

琼斯是1933年被任命为皇家天文学家的，在他的任期内，伦敦城市的发展造成了严重的光污染，致使格林尼治完全不再适合做天文工作。于是，在第二次世界大战后，格林尼治皇家天文台搬到了苏塞克斯，琼斯随之移居，直到1955年退休。

第二次世界大战以后，测定天文单位长度的工作再度取得进展。这时，旅美德国天文学家拉贝（Eugene Rabe，1911—1974）根据1926—1945年爱神星受地球摄动的情况，推算出太阳质量与地球质量之比，并进而推算出太阳视差值为8.7984″，与以前相比，他又将小数点之后的数字再推进一位。在人们测定太阳距离的漫长征途中，这是一个不小的进步。与此相应的太阳距离是149 526 000千米，它和今天采用的数值仅相差72 000千米，这只相当于地球直径的5.6倍。（图21）

上面说到爱神星受到地球的"摄动"，意思是说，当爱神星在环绕太阳运行的过程中，跑到比较靠近地球的地方时，地球对它的万有引力就变得相当可观；这时，爱神星的运动轨道与仅仅在太阳引力作用下所固有的运动轨道相比，便发生一定的偏移，偏移的程度反映出地球引力对它所起的作用大小。这种由于第三个较次要的天体（在这里便是地球）施与附加影响而造成

图21　433号小行星"爱神星"的功绩寓意图

的运动轨道微小变化，就叫作"摄动"。根据实际的天文观测，可以知道地球对爱神星的摄动情况，而这种摄动的大小又直接由主导天体太阳同摄动天体地球这两者的质量之比所决定，因此，反过来就可以由观测结果推算出这一质量比的数值。

太阳究竟有多远

日地之间平均距离的最精确的数据，是由金星的雷达测距求得的。人们向金星发射无线电脉冲，并接收从金星表面反射的回波，记录下电波往返所需的时间，从而可算出在测量时刻金星到地球的距离是多少千米。如前所述，再根据开普勒的行星运动第三定律，又可以推算出1个天文单位的长度。由于电波往返的时间间隔可以极其精确地记录下来，因此这种方法比用三角法测量小行星更加准确。雷达测行星与雷达测月的原理及方法完全相同，目前它已成为测量太阳系内某些天体距离的最基本的方法之一。自从1961年以来，已经对金星、火星、水星等天体进行过许多次的雷达测距。

1964年，国际天文学联合会通过了"1964年国际天文学联合会天文常数系统"，规定从1968年开始，国际天文界应该统一正式采用该系统中给出的数据。这个系统中确定，由雷达测金星而获得的天文单位的长度为$149\ 600 \times 10^6$米，也就是149 600 000千米，相应的太阳视差为8.794 05″。

在天文学中，经常以光线通过1个天文单位所需的时间来反映它的长度，这叫作"天文单位的光行时"。1964年采用的光速数值是299 792.5千米/秒，于是1个天文单位的光行时便是：

$$149\ 600\ 000 \div 299\ 792.5 \approx 499.012（秒）$$

人类总是在不断地前进，科学技术永远在不断进步。1976年，国际天文学联合会又通过一个有关天文学基本数据的新方案，即"1976年国际天文学联合会天文常数系统"，规定从1984年起在国际上统一正式启用。这次，根据1975年第15届国际计量大会采用的数据，光速取为299 792 458米/秒，即299 792.458千米/秒。这与1964年的光速数据相比，每秒钟只差了42米。在1976年的系统中，由雷达测金星确定的天文单位的光行时为499.004 782秒，即8分19.004 782秒。由此而定出1个天文单位的距离为：

$$499.004\ 782 \times 299\ 792.458 \approx 149\ 597\ 870\ （千米）$$

与此对应的太阳视差则为8.794 148″。

2012年，第28届国际天文学联合会又通过决议，启用更新的天文常数系统。其中光速依然采用299 792.458千米/秒，天文单位的光行时取499.004 783 84秒，由此确定1个天文单位的距离为：

$$499.004\ 783\ 84 \times 299\ 792.458 \approx 149\ 597\ 870.700\ （千米）$$

相应的太阳视差则为8.794 143″。

这些，便是今天对"太阳究竟有多远"这个问题所能做出的回答。我们可以看出，为了找到这个答案，人们曾经付出了何等艰辛的劳动，做出了多么巨大的努力啊！

现在，我们又要把目光移向太阳系以外的茫茫太空，注视比太阳系中最遥远的天体还要遥远得多的众星世界。

间奏：关于两大宇宙体系

托勒玫和哥白尼这两个名字在前面出现过好几次。现在，我们还要再加上一段由他们主演的雄伟插曲，那就是两大宇宙体系："地球中心说"和"日心地动说"。听了这段插曲，我们再往下读便会明白，测定恒星的距离在历史上起过多么巨大的作用。

很久很久以前，人们看见日月星辰每天东升西落，很自然地便认为它们都在绕大地旋转，地球则是宇宙的中心。这种看法是很朴素的，丝毫没有什么邪恶成分。古希腊的大学者亚里士多德（Aristotle，前384—前322）使这种观念变成一种哲学学说，由于他的权威地位，在相当长的时期内，任何人对此提出异议都会被认为要么是疯人呓语，要么是推理中发生了谬误。

其实，亚里士多德本人并不盲从权威。他有一句名言"吾爱吾师，吾尤爱真理"，至今仍为人们乐道。他有许多独创的思想和见解，一生的演讲收集起来约有150卷，堪称当时的百科全书。他不仅谈论科学，还研究政治、文艺批评和伦理学。他传世的著作约有50种，《形而上学》《物理学》《工具论》《政治学》《诗学》等都是其中的名篇。亚里士多德提出了论证大地呈球形的多种方法，最有力的论据是如果你到北方去，那么就会看见新的星星出现在北方的地平线上，而原先可以看见的一些星星则隐没到南方的地平线下。倘若设想大地是平的，那就应该在任何地方都看到同样的那些星星。

亚里士多德赞同毕达哥拉斯的观点，认为天地各受不同的自然规律支配。天上的一切是永恒不变的，而地上的一切都是可变可朽的。他又接受古希腊哲学家恩培多克勒（Empedocles，约前495—约前432）的四元素说，主张万物皆由水、土、火、气四种元素构成。这四种元素又由物质的四种基本属性——冷、热、干、湿组合而成。例如冷与湿结合成水，热与干结合成火。四种元素各有归宿，运动就是为了达到归宿。土居于中央，水在其上，空气又在水之上，火则在地上一切物质的最高处。因此，一个主要由土构成的物体如果悬浮在空中就会下落，而水下的气泡则向上升；再如雨要下落，火则上升。另一方面，天体却并不寻求任何归宿，只是做永恒、稳定、均匀的圆周运动，例如日月星辰的东升西落。因此，亚里士多德认为必有一种特殊的"第五元素"——他称之为"以太"，是一切天体的组成部分。然而近代科学证明，这种观念终究还是错了。

中世纪的基督教会利用亚里士多德的学说附会自己的教义，使之近乎神圣。后人对亚里士多德的过分奉承，久而久之倒使他成了谬误的象征，甚至被视为科学的敌人。事实上，亚里士多德是一位伟大的学者，后人将他神化而造成的恶果，不应归罪于他本人。

从天文学的角度建立完整的地心宇宙体系的，是古希腊最后一位伟大的天文学家托勒玫（图22）。他在自己的主要著作《天文学大成》（公元130年前后成书，又译《至大论》）中详尽地阐述了这种理论。此书的希腊文原本早已失传，全靠它的阿拉伯文译本流传下来，并于1175年从阿拉伯文转译为拉丁文。在整个中世纪里，欧洲人都将这部书奉为天文学中至高无上的经典。人们正是从托勒玫的著作中，才知道伊巴谷和希腊早期其他天文学家的许多工作。然而，在很长时间内，人们都误以为书中的各种发现都应归功于托勒玫本人，其实他主要还是总结和发展了前人的成果。

人们对于托勒玫的个人生活其实一无所知，甚至国籍都很难确定：他有可能是埃及人而不是希腊人。除了《天文学

图22　托勒玫是古代希腊天文学的伟大综合者

大成》，托勒玫还有一部重要的地理学著作，此书以古罗马军团进军欧亚非三洲的情况为基础而写成，并附有精心标记经纬度的地图。但是，在估计地球大小的问题上，托勒玫犯了严重错误：采纳了波西冬尼斯的数据，而没有接受埃拉托色尼的观点。

《天文学大成》中确立的地心宇宙体系，最主要的内容是：地球静止于宇宙中心，日月星辰均绕地球转动；每个行星以及月亮各在自己圆圆的"本轮"上匀速转动，本轮就是这种运动的轨道；同时，本轮的圆心又在更大的圆周——所谓的"均轮"——上绕地球匀速转动。不过，地球倒并不恰好在均轮的圆心，而是偏开一定的距离，换句话说，这些均轮其实都是一些偏心轮。日、月、行星除了沿着如上所述的轨道运动外，还与满天的恒星一起，每天绕地球转一圈，造成了它们东升西落的周日视运动。托勒玫巧妙地选择了诸行星均轮与本轮的半径比率、行星在本轮与均轮上的运动速度，以及本轮平面与均轮平面相交的角度，终于

59

使推算出来的行星动态与观测到的实际情况大体相符。当时的仪器不可能获得更高的观测精度,这使托勒玫的理论显得相当成功(图23)。

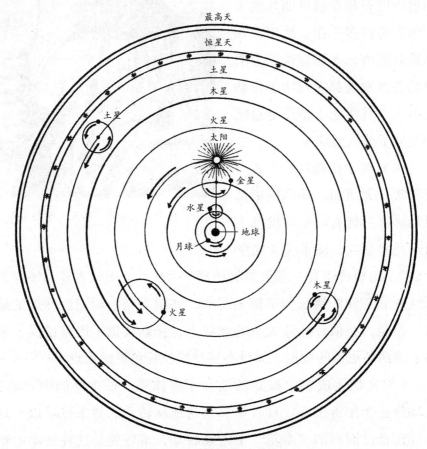

图23 托勒玫地心说示意图

　　尽管托勒玫本人是无辜的,然而后来的宗教势力发现地心体系对他们的教义颇为有用。于是,教廷便利用地心说来维护它的说教:上帝创造了人类、日月星辰乃至天地万物,而创造出天地万物的目的又是为了供人役使,所以人类应该居于宇宙中心。罗马天主教廷长期全力庇护地心说,对它的任何怀疑均被视为异端邪说。地心说一直统治了一千多年,要冲破这重桎梏不仅需要强

60

有力的科学证据，而且还需要极大的勇气。

随着天文观测仪器的改进和观测水平的提高，在托勒玫之后的漫长岁月中，人们渐渐发现，按托勒玫理论推算出来的行星位置与天文观测得到的实际情况差得越来越远了。于是，托勒玫的追随者们不得不在本轮之上再添上更小的小本轮，以凑合观测的结果。这样圆上加圆、圈上添圈，结果把整个行星运动的图景搞得复杂不堪，却还是不能解决根本问题。因为无论它如何独具匠心，终究只不过是一件禁不起实践检验的精雕细琢的工艺品罢了。

直到16世纪，近代天文学的奠基人、波兰天文学家尼古拉·哥白尼，在前人和自己的大量天文观测的基础上，系统地提出了宇宙体系的"日心地动说"。这就是说，地球并不是宇宙的中心，它仅仅是一颗普通的行星，在自己的轨道上不停地环绕太阳旋转，每转一圈就是一年。月球是地球的卫星，它在以地球为中心的圆形轨道上每个月绕地球转一圈，同时又随着地球一起绕太阳公转。所有的恒星都比月亮、行星和太阳远得多（图24）。

哥白尼是1473年2月19日诞生的，出生地是波兰维斯瓦河畔的托伦城。他10岁时丧父，由舅父瓦琴罗德（从1489年起瓦琴罗德出任瓦尔米亚主教）抚养，享有良好的教育。他在克拉科夫大学就读到约1495年，学过天文学、数学和地理学。1496年秋，哥白尼进入意大利的博洛尼亚大学，攻读教会法规；后来在帕多瓦大学攻读医学；1503年5月，他取得了费拉拉大学的教会法规博士学位。不久哥白尼从意大利回到波兰，在瓦尔米亚定居。此后除了一些短期旅行外，再未离开过那里。

哥白尼花费30多年的心血，完成了阐述日心学说的不朽巨著《天体运行论》。正如恩格斯指出的那样：哥白尼用它"来向自然事物方面的教会权威挑战。从此自然科学便开始从神学中解放出来……科学的发展从此便大踏步地前进"（《自然辩证法》，第8

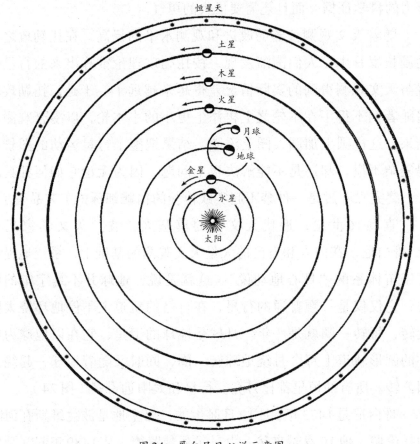

恒星天

土星

木星

火星

月球
地球

金星

水星

太阳

图24 哥白尼日心说示意图

页，人民出版社，1979年）。因此，我们可以说《天体运行论》是
"自然科学的独立宣言"。

　　哥白尼明白，他的书一旦出版，必定会招致多方面的麻烦。主
要攻击可能由两类人发起：顽固的哲学家们必定坚持亚里士多德
的主张，他们决不会从"地球是宇宙的固定中心"这块阵地上后退
一步；另一类人是宗教的卫道士，他们一定会搬出《圣经》，它明
白地指出大地是静止不动的，据此便可以给哥白尼定下离经叛道的
大罪。

　　哥白尼对于是否公开出版《天体运行论》一书十分犹豫，最

后在朋友们的苦心劝说下，才下决心将手稿送出去付印。为了躲避教会的迫害，他干脆在序言中单刀直入地说这部书是献给当代教皇保罗三世的。这真不失为一个先发制人的好办法。

1542年秋，哥白尼因中风而半身不遂。1543年，《天体运行论》在德国纽伦堡出版。据传，同年5月24日，当一本刚印好的《天体运行论》送到哥白尼的病榻前时，他已经到了向人世告别的最后一刻（图25）。

《天体运行论》共分6卷，已被译成多种文字在世界各国传播。1992年，中国首次出版《天体运行论》的中文全译本。《天体运行

图25　哥白尼在弥留之际，终于看到了刚刚印好的《天体运行论》，他为这部巨著付出了毕生的心血

论》的第一卷"宇宙概观"是全书的精华，从多方面论证了太阳是宇宙的中心，地球是环绕太阳运行的行星，并解释了四季循环的原因。后面几卷分别详细讨论各种天体运动的情况，并提出预报天体未来位置和运动的方法。起初这部书没有受到罗马教廷的注意，因而流行了70年左右。它猛烈冲击了反动腐朽的宗教统治，在思想界引起的影响甚至超出哥白尼本人的预料，这自然会招致教会的仇视和恐惧。

意大利杰出的哲学家和思想家乔达诺·布鲁诺（Giordano Bruno，1548—1600）坚定地捍卫并发展了哥白尼的思想。他还写了许多抨击基督教和《圣经》的作品，因而被押送到罗马的宗教裁判所。他被幽禁8年，接连不断的审问和拷打也持续了8年。

但是布鲁诺绝不退让一步，最后终于被宗教裁判所判决为异端，被烧死在罗马的鲜花广场上。

这时"日心说"和"地心说"的斗争已经充满刀光剑影。起初，有些天文学家和数学家认为哥白尼的理论只是一种巧妙的，甚至偷懒的计算方法，它推算和预告天体的运动状况要比托勒玫体系简捷方便。托勒玫派不时出击，要摧垮"日心地动"这种"危险的"新理论。然而，布鲁诺死后不过八九年，情况竟然开始大变了。一种新的仪器武装了天文学家的眼睛，用它看到的一切也武装了科学家与唯物主义哲学家的头脑。这种"洞察宇宙的眼睛"，便是天文望远镜。

最早的天文望远镜是意大利科学家伽利略（Galileo Galilei，1564—1642）于1609年发明的。他把一块凸透镜和一块凹透镜装进一根直径4.2厘米的铅管两端，让凹透镜在靠近眼睛的一端，用作"目镜".；凸透镜则靠近被观测对象的那一端，用作"物镜"。伽利略的望远镜利用透镜对光线的折射来成像，因此称为折射望远镜。半个多世纪以后，英国科学家牛顿又发明了利用反射镜面成像的反射望远镜。

1609年，伽利略将自制的人类历史上第一批天文望远镜指向天空，人们的眼界顿时变得大为开阔了。伽利略看见月亮像地球一样，坑坑洼洼坎坷不平，它的表面布满了环形山（图26）。就在地球近旁，便有这么一个与其相仿的世界，这无疑降低了地球在宇宙中的特殊地位。伽利略又看到太阳上不时出现大小不等的黑斑——太阳黑子，它们日复一日地从太阳东边缘移向西边缘，这明白地告诉人们，巨大的太阳竟然在不停地自转着，那么，远比太阳小得多的地球也在自转还有什么可以大惊小怪的呢？但是，托勒玫派的理论基石正好与此相反，他们主张地静天旋。

1610年1月，伽利略从他的望远镜中看到，有4颗卫星正环

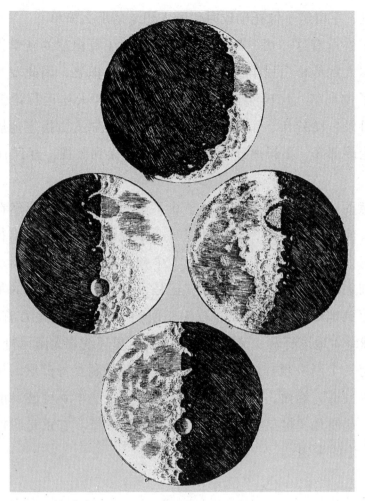

图26　伽利略通过望远镜看到的月球素描图，这是人类首次利用
望远镜为天体画像

绕着木星转动，这简直就是太阳系的缩影；它也明白无误地告诉
人们：天体确实可以并不绕着地球转动。伽利略又看到，金星原
来也像月亮一样有圆缺变化，而且蛾眉状的金星比接近"满月"
状的金星要大得多，这正好说明金星是环绕太阳，而不是环绕地
球旋转的。

　　伽利略将他的望远镜指向银河，看到银河原来是由密密麻麻
一大片恒星聚集在一起形成的，他还看到了更多更暗的星星。由

此可见，宇宙绝不像托勒玫时代的人想象的那么简单。

上述所有这一切，都异常有力地支持了哥白尼的新学说。伽利略本人宣传哥白尼学说的活动使教会深感惶恐，因此罗马教廷审讯了伽利略。1616年3月5日罗马教廷将《天体运行论》列入禁书目录。1633年，宗教法庭宣布伽利略为罪人，指定他居住在佛罗伦萨郊区，不得离开。他在那儿一直受到监视，直到1642年去世。

然而，革命的新生事物是禁止不了的，日心学说依然在斗争中成长前进。1618年，开普勒以日心学说为基础，总结出行星运动的三大定律；再过半个多世纪，牛顿又在开普勒行星运动定律的基础上发现了万有引力定律。正是万有引力，使熟了的苹果从树端落到地面，使向上抛的石头又回到手中；也正是万有引力，使月球绕着地球打转，又使地球和其他行星环绕着太阳运行不已。

每一个新发现都成了日心说的一次新胜利。哥白尼的反对者们且战且退，然而，他们还据守着最后一个"牢不可破"的顽固堡垒，这便是"恒星为什么没有'视差位移'"。它正是我们接下去要谈论的主题。

测定近星距离的艰难历程

恒星不再是"固定的"

按照古希腊人的观念，恒星固定于最外一层天球上。"恒星"这个词儿本身的意思就是"固定的星星"。连哥白尼也把繁星密布的天空视为笼罩着太阳和诸行星的穹庐，伽利略和开普勒也这样想。

于是，当哥白尼提出地球在一个很大的轨道上环绕太阳运行时，他的反对者就提出这样运行的结果必然会产生恒星的"视差位移"，并以此作为反驳哥白尼的论据。确实，当地球从太阳的一侧跑到另一侧时，恒星天球看起来就应该有偏移，这和从不同角度观看大河对岸的街灯，或者分别用左眼和右眼观看放在眼前的手指，道理是一样的。这种偏移应该可以由恒星位置的明显偏移来直接证明，换句话说，地球本身的轨道运动将会造成恒星的"视差位移"。可是，事实对哥白尼派大为不利：谁也没能发现恒星的位置真有这样的偏移。

哥白尼派为自己辩护，说恒星天球极其遥远，因此视差位移小得根本无法测量；与恒星天球的大小相比，整个地球的公转轨道只不过是一个小点而已。也就是说，恒星的距离远得无法测量。

起初，这似乎只是哥白尼派为了使自己免遭失败而寻找的软弱遁词。但是，1718年发生了一件令人惊异的事件，它终于改变了天文学家们对恒星和"恒星天球"的看法。

那一年，哈雷发现至少有三颗很亮的恒星，即天狼星（大犬α）、大角星（牧夫α）和毕宿五（金牛α）的位置与古希腊天文学家测量的结果明显不同。好几位杰出的古希腊天文学家各自独立地工作，他们测出的这几颗星的位置是互相吻合的。但是，哈雷的观测结果与他们不一致。

第谷的星图比古希腊人的星图更精确，然而，从一个半世纪之前的第谷时代到哈雷观测的时候，天狼星的位置也已经稍有偏移了。

唯一合乎逻辑的结论是恒星并不是固定的，它们各有自己的运动，这叫作恒星的"自行"。倘若全部恒星的自行速度都大致相近的话，那么离我们近的恒星在天穹上的位置变化看起来就会比遥远恒星的位置变动得更快，这就像近处的汽车仿佛比远处的汽车跑得更快一样。因此，天狼星、大角星和毕宿五也许比别的恒星离我们更近些吧？况且，这三颗星在全天众星中又均属最亮之列，因此它们离我们特别近就越发可信了。

从此人们才明白：恒星原来并不是"固定的星星"，恒星天球其实并不存在，满天的星星原来离我们是有近有远的。

恒星离我们究竟有多远呢？哈雷以及在他之后的许多优秀天文学家，在寻找这个问题的答案时，统统都失败了。

恒星实在离我们太远了。如果用三角法来测量它们的距离，那么即使将整个地球的直径——约12 800千米作为基线，还是嫌太短。再进一步，就是干脆拿地球公转轨道的直径作为基线，它几乎有3亿千米那么长！这样做的结果又如何呢？

倘若恒星离我们有远有近，倘若哥白尼的日心说又是正确的，那么如图27（甲），某一天地球在 E_1 这个位置，这时地球上的人看 S_1 和 S_2 两颗星，它们几乎就在同一个方向上；但由于 S_1 比较近，S_2 比较远，所以当6个月后地球绕太阳转了半圈，跑到 E_2 处再看它们时，S_1 和 S_2 的方向就相差较多了。我们可以打一个比方，如图27（乙），人站在位置甲看街灯1和街灯2，它们差不多在同一个方向上，好像紧靠在一起，但跑到位置乙去看，两盏灯就分开了。

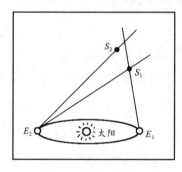 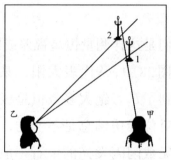

（甲）两颗星的相对位置　　　　（乙）两盏灯的相对位置

图27　从不同的方向进行观察

多少年过去了，谁也没有见过星座的形状随着季节而变化。这实在是对哥白尼学说的严重挑战，它正是维护地心学说的人据守的最后一个堡垒。

可是，哥白尼并没有错：地球确实在绕着太阳转动。

在图27（乙）中，如果街灯1离开位置甲是140米，而位置乙仅仅从甲偏开1毫米，那么您还能察觉两盏街灯方向之间的变化吗？显然不能了。

今天我们已经知道半人马α星是离太阳最近的一颗恒星，离我们达41万亿千米。这个数字与地球轨道直径3亿千米相比，正好与上面所说的140米与1毫米的比例相近。因此，单凭肉眼或者普通的仪器，根本无法察觉这颗星的方向发生了变化。其他恒星比半人马α星更加遥远得多，自然也就更难发现它们的方向因地球公转而造成的偏移了。

然而，大望远镜的问世，精密测量仪器的诞生，在长期的实践中积累起来的丰富经验，终于使人们战胜了这种几乎无法测量出来的微小变化。

这又是一段动人心弦的精彩故事。

泛舟泰晤士河的收获

人们是这样测量恒星视差或距离的：

在图28中，S代表太阳，某一时候的地球位于E_1，6个月后它运动到了E_2。绝大多数恒星极其遥远，所以无论什么时候，它们的相对位置仿佛总是不变的，就像在一块无穷远的"天幕"上镶嵌着无数闪闪发光的宝石一般。这块"天幕"又叫"遥远星空背景"，在图28中用字母M表示。"天幕"上每颗星的方向仿佛都是不变的，它们可以很准确地被测定；因此，任何两颗星之间相距多大的角度也可以量得十分准确。

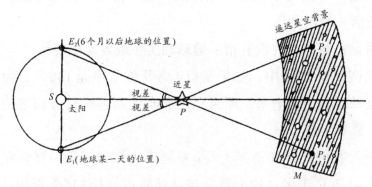

图28 一颗近星P在"天幕"（遥远星空背景）上的投影（P_1、P_2）和它的视差

图 28 中的 P 代表一颗比较近的恒星。从 E_1 处看，它仿佛在遥远星空背景上的 P_1 处；从 E_2 处看，它又好像在那块"天幕"上的 P_2 处。这两个方向之差异是 $\angle E_1 P E_2$ 或 $\angle P_1 P P_2$；就好像 P_1 处有一颗星，P_2 处又有一颗星一般。因为测量两颗星之间的角度是不难办到的，所以我们能够得知 $\angle E_1 P E_2$ 的大小。它的一半，即 $\angle E_1 P S$ 或 $\angle E_2 P S$，叫作恒星 P 的"周年视差"，通常也将它更简单地直接称为恒星的"视差"。容易看出，视差也就是站在恒星处观看到的地球轨道半径所张开的角度。显然，越近的恒星视差就越大；恒星越远，视差就越小。已经讲过，最近的恒星是半人马 α 星，它的视差是 0.76″，比任何其他恒星的视差都大。

一枚 1 元硬币的直径是 2.5 厘米。将它放到 100 米以外，我们看到它张开的角度是 51.6″。这个角，比 0.76″ 要大 67.8 倍；将 1 元硬币放在 5 千米以外，它对我们的张角减小到 1.03″，这还比 0.76″ 大了 35%。

对于近星，可以测出 $\angle E_1 P E_2$ 的大小，也就是可以测出该星的视差。在 $\triangle S P E_1$（或 $\triangle S P E_2$）这个直角三角形中，既然已经知道视差角的大小以及一条直角边 $S E_1$（或 $S E_2$）的长度——它正是前面已经求出的一个天文单位之长，我们就可以立刻算出 P 这颗近星的距离了。

然而，要实际测量这么小的角度，技术上的困难是极大的，即使对于最近的恒星，也好像测量几千米外的一枚硬币的直径那么难。对于哈雷那个时代的仪器而言，这是完全不能胜任的。

哈雷的同时代人、爱尔兰天文学家莫利纽克斯（Samuel Molyneux，1689—1728）做了这样的尝试：1725 年，他在伦敦郊外自家的地产上安装了一架透镜直径 9.4 厘米、长 7.3 米的折射望远镜。它笔直地竖起来，活像个大烟筒。当天龙 γ 星从天顶附近经过时，它就会进入望远镜的视场中。望远镜固定得非常好，在镜筒中成像的焦平面上安装着一组极细的"叉丝"，可以用来很精密地确定星像越过它们的位置和时刻。

莫利纽克斯由于过多的政治活动不得不经常放弃观测，他那位年轻的合作者布拉德雷则始终坚守岗位。布拉德雷从1725年12月14日开始做一系列观测，到12月28日他就注意到天龙 γ 星的位置已经稍稍向南偏移了。

布拉德雷喜出望外，紧紧追随着这颗星毫不懈怠。日复一日，月复一月，只要夜空中这颗星进入望远镜的视野，他就记录下它的方位。天龙 γ 星继续朝南移动，然后又回向北方。一年中，它来回摆动了40″。

这不是视差吗？很像，然而又不是视差。因为，恒星视差是由于地球绕太阳运动而造成的，所以恒星应该在12月份时处于最南面，而布拉德雷观测天龙 γ 星的结果是它在3月份最偏南。1727年，布拉德雷又竖起一架较小的望远镜，也发现了类似的摆动。但是直到1728年，他还是无法解释自己的观测结果。

我们还记得，在前文谈到测量火星的视差时，布拉德雷这个人物已经出场了。他在青年时代即以自己的数学才能赢得了牛顿和哈雷的友谊，并于1718年入选英国皇家学会。在天文学上，他的主要志趣正是测量恒星的视差。1728年，布拉德雷有一次泛舟于伦敦的泰晤士河上，注意到桅顶的旗帜并不是简单地顺风飘扬，而是按照船与风的相对运动变换着方向。他意识到，这种情况与你打着伞在雨中行走时是一样的。如果你将雨伞垂直地撑在头上，你就会走进从伞上往下滴的雨点中。但是，只要将雨伞稍稍朝你前进的方向倾斜些，那你就依然能保持干燥。你走得越快，雨伞就必须往前倾斜得越厉害，雨滴的下落速度与你行进的速度之比决定雨伞应该倾斜的程度（图29）。

布拉德雷找到了天龙 γ 星位置偏移的正确解释，他在写给哈雷的信中说道："我终于猜出以上所说的一切现象是由于光线的运动和地球的公转所合成的。因为我查明，如果光线的传播需要时间的话，一个固定物体的视位置，在眼睛静止的时候，跟眼睛在运动，但运动方向又不在眼睛与物的连线上时，将有所不同；而且，当眼睛朝各个不同方向运动时，固定物体的视方向也就有

图29 雨中的行人觉得雨滴是倾斜地往下落的

所不同。"换句话说，布拉德雷已经清楚地意识到：在这里，天文学家的望远镜是"伞"，而恒星射来的光线则是"雨点"，在行走的那个人便是我们的地球。望远镜必须像雨伞一样朝着地球前进的方向略微倾斜，这才能使星光笔直地落到它的镜筒里，布拉德雷把这个倾斜角度称作"光行差"（图30）。

1728年，布拉德雷又发现，恒星的位置还有一种比光行差更细微的变化。他推测这可能是月球引力的影响使地球的自转轴发生了颤动。布拉德雷称这种颤动为地轴"章动"，经过20年的观测研究，他终于证实了上述判断，并于1747年底宣布了这一发现。

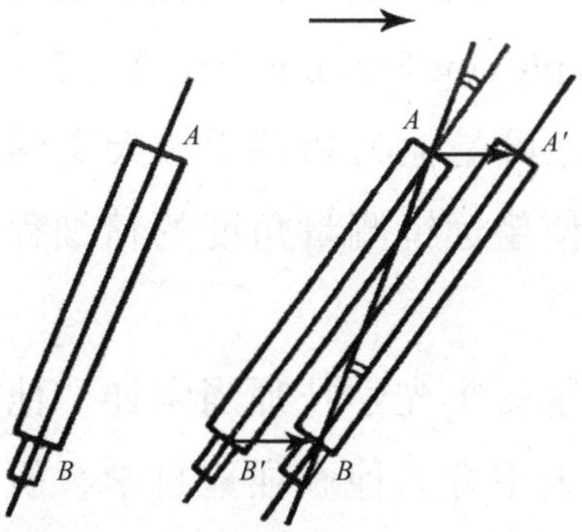

图30 光行差是这样产生的：如果观测者是静止的（左），那么他看到的星光入射方向就是星光前进的真正方向；如果观测者沿横向AA'移动（右），那么他就会觉得星光是由AB'（或$A'B$）方向射来的

布拉德雷还是没能发现恒星的

视差，这超出了他那些望远镜的能力，因为视差是一种比光行差还要小得多的位移。但是，光行差的发现也有其历史功勋。首先，假如地球静止不动的话，就不会出现光行差。因此，它清楚地证实了地球确是在绕太阳公转。其次，光行差的大小取决于地球运动的速度与光速之比，因此根据光行差的数值可以推算出光线行进的速度。最后，光行差既然已被发现，人们就可以在天文观测中扣除这种位移，于是就有可能真正探测到由恒星视差造成的更小的位移了。只是又过了100多年，人们才好不容易勉强做到了这一点。

1742年，哈雷亡故，布拉德雷受命为第三任皇家天文学家。据说他断然拒绝了增加薪俸，因为倘若皇家天文学家的职位太有利可图，那么真正的天文学家就很难获得任命了——俸禄太丰厚的职位将会被善于钻营之徒所窃据。

恒星终于被征服了

19世纪初以来，天文仪器迅速得到改进，这在很大程度上要归功于德国天才光学家夫琅禾费（Joseph von Fraunhofer，1787—1826）。他只度过了短短的39个春秋，可是他为物理学、天文学和光学仪器做出的贡献多得惊人。他使望远镜测量角度的精细程度达到空前的水平：0.01"。

夫琅禾费是一位釉工的儿子，曾跟一个光学技师当学徒。他11岁时所居住的房屋倒塌，只有他一人幸存。他顽强地自学，研究玻璃的特性随制备方法而变化的规律，把制作玻璃变成了一种艺术。他改进了多种光学仪器，正是他的仪器最终帮助天文学家测出了恒星的视差。夫琅禾费因患肺结核英年早逝，墓碑上刻着"他接近了群星"。

德国天文学家、数学家贝塞尔（Friedrich Wilhelm Bessel，1784—1846，图31）充分利用了夫琅禾费提供的便利。贝塞尔本来是一名会计师，却成功地自学了天文学。他21岁时便利用1607年以来的观测结果，重新计算了哈雷彗星的轨道，这使他很早就出了名。贝塞尔的特殊才能引起了普鲁士国王腓特烈·威廉三世的注意，于是他委派贝塞尔监建哥尼斯堡天文台，然后担任这座天文台的台长

图31　率先测出恒星视差的德国天文学家贝塞尔

直至去世。贝塞尔1818年34岁时完成一份当时最大最好的星表，接着他便转向自从哥白尼时代以来在三个世纪中难倒一切大天文学家的难题——测定恒星的视差。他新发明了一种名叫"量日仪"的精密仪器，并请夫琅禾费制作，原本用于精确测定太阳的角直径，当然也可以用来精确测量天空中的其他各种角距离。

现在的问题是如何在满天星斗中选择"进攻"的目标。观测对象一经选定，天文学家就得将全部心血倾注在它身上。他们自然希望事先就能大致断定，自己选定的目标属于最近的恒星之列。盲目地随便找几颗星星来测量，几乎肯定是要失败的。

有一个判别依据是恒星的表观亮度，或者称为它的视亮度，也就是从地球上看去的亮度。倘若所有的恒星发光能力都差不多的话，那么最近的恒星便会显得最亮。或者反过来讲，最亮的恒星很可能也就是最近的。全天最亮的恒星是天狼星，假如它确实是与太阳一模一样的星体，那它应该比太阳远多少倍，亮度才会减弱到如我们所见的情形呢？当初，哈雷就做过比较，他的计算结果是：天狼星要比太阳远120 000倍。而我们今天知道，天狼星发出的光其实要比太阳多得多，它离我们要比太阳远500 000倍以上。当然，

当初是无法知道这一点的。人们也曾将大角星与太阳做过比较，倘若它们的发光能力的确相同，大角星就该有太阳的325万倍那么远。这与今天所知的准确结果差得并不远：大角星离太阳227万个天文单位，大约等于339 000 000 000 000千米。

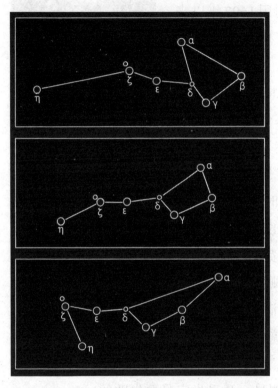

第二个判别依据是恒星的自行（图32）。根据日常生活的经验，可以知道运动物体离得越近，它看起来相对于遥远背景便移动得越快。因此，自行大的恒星大概就是比较近的星。

第三个标准和所谓的"双星"有关。双星是一些成对（即成双）的星星，双星系统中的两颗成员星都称为此双星的"子星"，它们不仅看上去彼此靠得很近，而且确实在万有引力作用下像一对舞伴那样互

图32 恒星的自行在短时期内很难察觉，天长日久累积起来却相当可观。本图表明北斗的形状如何因恒星自行而发生变化:（上）10万年以前，（中）现在，（下）10万年以后

相绕着转。今天我们已经知道双星在天空中非常普遍。倘若有两个双星系统，我们简单地认为它们的公转平面恰好都与我们的视线方向相垂直，而且还假定它们的公转周期相同，又假定这两个双星系统的质量也相同，那么按照牛顿的万有引力定律就可以知道，这两对双星中两个子星之间的距离也必定相同。于是，离我们近的那组双星的两个子星在天空中看上去就分得更开些，正如

近处的两盏街灯看上去要比远方的两盏分得更开一样。倘若两对双星的质量相同，但是公转周期不同，那么把开普勒第三定律运用到这些双星上便可以知道，周期短的那个双星中的两颗子星一定彼此靠得较近，周期长的则彼此离得较远。假如再进一步，这两对双星从地球这儿看上去，两个子星张开的程度却又相同的话，那么周期短的（也就是两颗子星彼此靠得较近的）那个双星，必定就是离我们较近的了。我们立刻可以想到：两颗子星互相绕转的周期比较短，同时它们看上去却分得比较开的那些双星系统必定是离我们特别近的。

早在1812—1814年间，不满30岁的贝塞尔就注意到天鹅61星符合上述第二条和第三条判别依据。它是一个张开程度很大的双星，而且也是当时所知的自行最大的恒星，它在一年中便可以移动5.2″，在380年中它的位移就相当于整个月球的角直径，因此又被天文学家们称作"飞星"。天鹅61的两颗子星都并不显眼，称不上亮星，但是根据上面说的后两个条件，它已经使贝塞尔感到非常满意了。须知，同时满足所有上述三个判别标准的恒星几乎是绝无仅有的。稍后我们还会讲到，苏格兰天文学家亨德森（Thomas Henderson，1798—1844）非常有幸地恰好选中了它，这就是半人马α星。

1837年，贝塞尔一切准备就绪，他的量日仪指向天鹅61星。他用附近两颗更暗的星作为比较星，它们均无可察觉的自行。幽暗加上静止不动，足以令人信服：这两颗比较星距离遥远得不会有任何可察觉的视差位移。

整整一年之内，贝塞尔对它们进行了无数次的测量，在排除所有非视差的因素——包括布拉德雷发现的光行差和同样由布拉德雷发现的章动——之后，贝塞尔终于发现，天鹅61星正在细微地改变着自己的位置，其变化方式使人相信：这正是视差！

1838年12月，贝塞尔终于宣布：这颗星的视差是0.31″，这相当于从16.6千米以外的远处看一枚1元硬币所能见到的大小。这也就是说，天鹅61星距离我们约有66万天文单位，或者说，它大约位于100 000 000 000 000千米之外，这可是一个长达15位的数字啊！

光每秒钟能走300 000千米，因此天鹅61星发出的光跑到我们这儿，路上要花费10年有余的时间。由此，天文学家也常说，天鹅61星与我们的距离是11光年。后来，更精确的测量表明，此星的视差为0.294″，相应的距离便是地球到太阳距离的70万倍，或105 000 000 000 000千米。光线走完这段路程差不多要花11年又2个月。

现在，让我们再花些笔墨，对"光年"这个名词做进一步的解释。"光年"与"年"是完全不一样的，它不是时间的单位，而是长度的单位。它不是一座"钟"，而是一把"尺"，一把"量天"的尺。在测量天体距离时，它所起的作用就像量布时用的市尺或米尺一样。那么，天文学家们为什么非要放弃大家如此熟悉的"厘米"、"米"或者"千米"，却换上这样一把陌生的新尺子呢？

这正是因为恒星太遥远了，如果用千米来表达它们的距离，那就得写成长达十几位、二十几位的累赘庞大的"天文数字"，更不必说用厘米、毫米为单位了。冗长的数字往往是令人生厌的。打个比方，北京到上海的铁路距离约为1400千米，假如有个古怪的人，他非要说北京到上海乘火车的距离是1 400 000 000毫米，您难道不会感到啰唆吗？

众所周知，1天有24小时，1小时是60分钟，1分钟等于60秒钟，所以1天有86 400秒。请问，光在1天中可以跑多远呢？很容易计算，它约等于：

$$300\ 000 \times 86\ 400 = 25\ 920\ 000\ 000\ （千米）$$

差不多等于从地球到太阳往返87次。

一年约有365.25天，光就可以跑259.2亿千米乘以365.25，也就是约94 600亿千米，为了简便起见，也可以说成9.5万亿千米。人们甚至还经常说1光年大致就是10万亿千米。更简便的写法则是：

$$1光年 \approx 9.5 \times 10^{12} 千米$$

或

$$1光年 \approx 10^{13} 千米$$

为了对它获得一些更直观的印象，我们不妨设想，把地球的直径缩小10亿倍，于是地球就成了一颗直径只有1.3厘米的小"葡萄"；北京到上海的直线距离本来是1000千米左右，这时却缩成1毫米；将1光年按同样的比例缩小10亿倍，却还有9000多千米，相当于北京到巴黎的真实距离那么远。您看，光年是一把多么巨大的"尺子"啊！

总之，说天鹅61星距离我们11光年，要比说它离我们105 000 000 000 000千米方便得多。

1844年，贝塞尔还用他的"量日仪"做出一项惊人的发现。他注意到天狼星的位置在很有规律地移动。这种微小的位移，既不是光行差和章动，也不是通常的视差，而像是自行的微小波动。贝塞尔认为，这种现象起因于天狼星有一颗非常暗但是质量不小的伴星，它们在万有引力作用下，像一对舞伴那样一边互相绕着转动一边向前行进。人们看不见那颗暗伴星，只是察觉到了天狼星自行的波动。贝塞尔的这一想法，后来被证明是正确的。他的这项发现标志着，天文学家们开始把更多的注意力从太阳系内转移到了外面的恒星世界。

科学史上经常发生这样的情形：一项困难的工作，在很长时期内一直停滞不前，它使许多有名而能干的人遭受挫折，在此后的某个时候却取得了奇特的进展，这时有几个人不约而同地打破了僵局，他们几乎同时获得振奋人心的胜利。在这里，这种情况又发生了。

只比贝塞尔晚两个月，亨德森求出了半人马α星的距离（图33）。这颗星的中文名字叫"南门二"，它的视亮度在全天众星中名列第三，仅次于天狼星和老人星（船底α），比大角星和织女星还亮。不过它太偏南了，北半球大部分地方的人都看不到它。半人马α星的自行也很大，达到天鹅61星的3/4，为每年3.7″。加之它又是一个张角很大的短周期双星，两颗子星每79年便互绕一周。所有这一切都使它很有希望是离我们太阳最近的恒星，而事实上也果真如此。

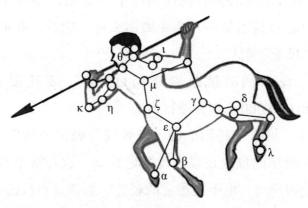

图33 半人马座在古代希腊神话中的形象是一个半人半马的怪物。半人马α星位于其右前脚上

亨德森出生于苏格兰的邓迪，原是一名律师，但他业余爱好天文学，最终这种爱好变成了职业。亨德森是在南非好望角天文台观测半人马α星的，贝塞尔在欧洲见不到它。1831年，亨德森就任好望角天文台台长，但是他后来回老家受命为首任苏格兰皇

家天文学家了。他求出半人马α星的视差是0.91″，几乎为天鹅61星的3倍，因此半人马α星要比天鹅61星近得多。亨德森的数据意味着半人马α星要比太阳远20万倍，距离我们30万亿千米。事实上，它比这更远——远在4.3光年之外，但这并没有使它丧失"太阳最近的恒星邻居"的地位。

需要补充的是，人们在1915年发现，另有一颗幽暗的小星在绕着半人马α双星系统运转，目前它在轨道上所处的位置，比半人马α双星的两颗子星离我们更近，距离我们仅4.22光年。它是真正的离太阳最近的恒星，因此，人们将它称为"比邻星"。

其实，亨德森比贝塞尔早很多时间就完成了观测，但是他直至回到苏格兰的首府爱丁堡谋得新职之后，才完成数据的整理和计算，于1839年初发表了研究结果。很自然地，"第一人"的荣誉便归于最先抵达彼岸的贝塞尔了。

在此期间，俄国德裔天文学家斯特鲁维（德语名Fredrich Georg Wilhelm von Struve，俄语名Василий Яковлевич Струве，1793—1864）也获得了成功。斯特鲁维出生于德国，1808年15岁时为逃避拿破仑侵略军征兵，他先是逃到丹麦，后来又到了俄国。斯特鲁维1810年17岁时毕业于爱沙尼亚的多尔帕特（今塔尔图）大学，1813年20岁时被聘为母校的天文数学教授，1815年22岁时任多尔帕特天文台台长，1832年当选为圣彼得堡科学院院士。1833年斯特鲁维奉沙皇尼古拉一世之命在圣彼得堡附近开始兴建普尔科沃天文台，并担任首任台长达20余年之久。斯特鲁维一家四代一连出了6位著名的天文学家，他是第一代，后来第二、第三代又迁居德国。第四代奥托·斯特鲁维（Otto Struve，1897—1963）于1921年移居美国，先后出任美国几个著名天文台的台长，当选为美国科学院院士，1952—1955年当选国际天文学联合会主席。

1824年，第一代斯特鲁维获得一架口径24厘米的优质折射望远镜，那也是夫琅禾费制造的。这是第一架配上了"赤道仪"的天文望远镜，有了赤道仪，望远镜才能自动跟踪缓慢地东升西落的星体。后来，这架仪器随同斯特鲁维一起转移到了普尔科沃天文台——它是19世纪中最完善的天文台之一。斯特鲁维用这架望远镜为天文学做出许多重要的贡献。他用它来测定恒星的视差，选择的目标是织女星。

织女星是全天的第五亮星，也是在北半球天空中能够高高升起的第二号亮星（仅次于大角星）。它的自行是每年0.35″，足以引起人们的注意。斯特鲁维从1835年开始进行测量，到1838年才大功告成。他推算出的织女星视差是0.26″，比今天公认的数值大一倍，于是他算出的织女星距离就太近了。不过，我们不应该过于苛求前人，在当时，这样微小的视差位移居然被他测量出来，就足以称得上是一项了不起的成就了。可惜，斯特鲁维直到1840年才宣布自己的结果，他落到了贝塞尔，甚至也落到了亨德森的后面。织女星比半人马α星和天鹅61星远得多，离我们有26.3光年。但是，它依然是太阳的近邻。

自从天文望远镜发明以来，已经230年过去了。直到这时，恒星才终于向锲而不舍、顽强奋战的天文学家屈服了。恒星视差的测定，使死抱住地心宇宙体系的顽固派们失去了最后一根"救命稻草"。哥白尼派终于攻克了反对派们赖以顽抗的最后一个碉堡。回想当初，16世纪末《天体运行论》在思想界的影响开始引起教会的恐慌，1616年罗马教廷将《天体运行论》列为禁书，直到1835年，教会才在禁书目录中删除了《天体运行论》。

"日心说"彻底胜利了。1889年6月9日，在布鲁诺殉难289周年之后，在活活烧死他的地方——罗马的鲜花广场上，人们为这位"捍卫真理而宁死不屈的伟大战士"竖起一座纪念铜像。

三角视差的限度

到了1900年，天文学家已经用上面所讲的三角法测出大约70颗恒星的距离。到1950年，这个数字上升到了6000颗。1952年，美国耶鲁大学天文台出版了一本《恒星视差总表》，列出三角视差的恒星即有6000颗左右。用三角法测定的视差称为"三角视差"，直到20世纪80年代初，用三角法总共只求出约7000颗恒星的距离。

为什么这个数字几乎再也上不去了呢？原来，用三角法测量视差有一个限度，超过这个限度三角法就无能为力了。只有对于近距恒星才能运用三角测量法，对远星就不行。问题是：区分近星和远星的界限又是什么呢？多远的星星就不能算作近星了？

为了说明这个问题，我们再来谈谈下面这两件事情。

首先，我们介绍一把"更长的尺"，它的名字叫作"秒差距"。"秒差距"的长度是这样确定的：当恒星离我们1秒差距远时，它的视差刚好是1″；或者反过来说，如果一颗恒星的视差是1″，那么它同我们的距离刚好就是1秒差距。于是，当一颗恒星离我们10秒差距远时，它的视差便为0.1″；离我们100秒差距远时，视差为0.01″。总之，恒星视差的倒数正好就是它离我们的秒差距数，这便是使用"秒差距"这把新尺子的特别方便之处。秒差距这把尺子比光年还要长，它们之间的关系是：

$$1\text{秒差距} = 3.259\text{光年}$$
$$= 206\,265\text{天文单位}$$
$$= 3.08 \times 10^{13}\text{千米}$$

或者近似地说，1秒差距大致等于日地距离的20万倍，或约30万亿千米。

其次，再谈一下误差。从日常经验就可以知道，裁1米布，可以裁得1厘米、1毫米都不错；但是，你没法裁得1微米也不差，这就是量布时的"测量误差"。同样，科学上的任何测量，也都不可避免地会有一定的误差。通常，用三角法测量恒星视差时，误差大约在0.01″光景。当恒星远达100秒差距时，它的视差就是0.01″，此时测量误差便和视差本身一般大小了。对于更远的恒星而言，测量时的误差就会比它的视差本身更大，那就没有太大的意义了。因此，用三角法测量恒星距离的极限便是100秒差距光景；比这更远的恒星，都该算作远距恒星，要确定它们的距离就必须另找出路了。不过，三角视差法毕竟是测定太阳系外天体距离的最基本的方法，其他方法都要用三角视差法来校验。

由此可见，我们真是幸运。那些最近的恒星恰好离我们如此之近，以至于天文学家竟然真的用三角法测出了它们的视差。倘若它们统统都远上100倍的话，那么，说不定直至今天，人们除了太阳以外，对别的恒星究竟有多远都还难以奉告呢。

1989年8月8日，欧洲空间局发射了"高精度视差收集卫星"（High Precision Parallax Collecting Satellite），其英文名称缩略词Hipparcos的拼写和发音，与古希腊天文学家伊巴谷的名字近乎相同，故又称为"依巴谷卫星"（图34）。这里的"依""伊"一字之别，恰好体现出这颗卫星同伊巴谷其人两者的英文名拼写有细微差异。这颗卫星前后运行近4年，1993年8月初因计算机失控而停止工作。天文学家们整理、分析了它的观测数据，编成一部大约包含12万颗恒星的天体测量星表——依巴谷卫星星表，其中最暗的恒星可暗到12.4等星（有关恒星亮度的知识，本书后文"星星的亮度"一节中还会详细介绍）。它测量恒星三角视差的精度，暗到9等星仍高达0.002″（对更暗的星精度稍差），由此导出的离太

图34 "依巴谷卫星"艺术形象图，天空背景照片上显现出群星绕北天极做周日视运动的痕迹

阳100秒差距以内的恒星距离数值，相对误差不超过20%。

2013年12月，欧洲空间局发射了第二个用于空间天体测量计划的卫星"盖亚"（Gaia）。盖亚卫星的结构和原理同依巴谷卫星相似，但使用了一些最新技术，因此它的观测星数和精度又比依巴谷卫星高了成百上千倍，可以测定远至10万光年的恒星三角视差。盖亚卫星原计划工作5年，但实际上迄2020年初，它依然在勤勉地工作着。

盖亚卫星计划观测视星等暗至20等的10亿个以上的天体，获得它们的精确位置、自行、视差，以及亮度、视向速度、光谱分类等物理特性。盖亚卫星的测量精度非常之高，即使暗到20等星，测量位置的精度仍可达223微角秒（即0.000 223″），测量视差的精度可达300微角秒（0.0003″），测量自行的精度则可达158微角秒/年。2016年9月，盖亚卫星的首批观测结果已经发布，包括 11 亿个源的位置和星等，以及相当一部分恒星的其他重要特征。

表 2 列出离太阳最近的 21 颗恒星的距离及有关情况。

表 2　离太阳最近的 21 颗恒星概况*

星　名	视差（角秒）	距离（光年）	自行（角秒/年）	视星等	光度（以太阳光度为1）
半人马 α C	0.772	4.22	3.85	11.0	0.000 06
A	0.750	4.34	3.67	0.0	1.6
B	同上	同上	3.66	1.3	0.45
巴纳德星	0.547	5.96	10.34	9.5	0.000 45
沃尔夫 359	0.419	7.78	4.67	13.5	0.000 02
拉朗德 21185	0.398	8.19	4.78	7.5	0.0055
卢伊顿 726−8 A	0.382	8.53	3.33	12.5	0.000 06
B	同上	同上	同上	13.0	0.000 04
天狼 A	0.376	8.67	1.32	−1.4	23.0
B	同上	同上		8.3	0.003
罗斯 154	0.342	9.53	0.74	10.4	0.000 48
罗斯 248	0.314	10.38	1.82	12.3	0.000 11
波江 ε	0.307	10.62	0.98	3.7	0.30
罗斯 128	0.302	10.79	1.40	11.1	0.000 36
卢伊顿 789−6	0.294	11.08	3.27	12.2	0.000 14
BD ＋ 43°44 A	0.291	11.20	2.90	8.1	0.0061
B	同上	同上	2.91	11.1	0.000 39
天鹅 61 A	0.291	11.20	5.20	5.2	0.082
B	同上	同上	5.20	6.0	0.039
BD ＋ 59°1915 A	0.290	11.24	2.29	8.9	0.0030
B	同上	同上	2.27	9.7	0.0015

* 表中"视星等"表征恒星的表观亮度；"光度"表征恒星的发光本领，即恒星表面每秒钟发出的总能量。参见后文"星星的亮度"一节

通向遥远恒星的第一级阶梯

星星的亮度

用三角视差法测定100秒差距以外天体的距离，可说是困难重重。天文学家们费尽心思想出了另外几种方法，它们大多牵涉到恒星的亮度。

早在2000多年之前，伊巴谷就用"星等"来衡量星星的亮度。他把天上20颗最亮的恒星算作"1等星"，稍暗一些的是"2等星"，然后依次为"3等星""4等星""5等星"，正常人的眼睛在无月的晴夜勉强能看到的暗星为"6等星"。

这样区分恒星的亮度很不严格。20颗1等星也不是真正一样亮的。很有必要像测量一件东西的长度一样，定出一个准确的标准，用它来表示恒星的亮度，就像用尺表示长度那样明确无误。

直到1856年，英国天文学家波格森（Norman Robert Pogson，1829—1891）才首先做到这一点。波格森曾在英格兰和印度的天文台工作，19世纪50年代和60年代他先后发现了9颗小行星。关于恒星的亮度，波格森发现，1等星的平均亮度差不多正好是6等星平均亮度的100倍。于是，他据此定出一种亮度"标尺"：星等数每差5等，亮度就差100倍；或者反过来讲，恒星的亮度每差2.512倍，它们的星等数便正好相差1等。于是，5等星的亮度是6等星亮度的2.512倍，4等星的亮度又是5等星亮度的2.512倍，因此，4等星的亮度就是6等星亮度的$2.512 \times 2.512 = 2.512^2$倍，即6.310倍；3等星又比4等星亮2.512倍，因此它比5等星亮6.310倍，比6等星亮$2.512^3 = 15.85$倍，如此等等。这样容易算出，1等星的亮度就是6等星亮度的$2.512 \times 2.512 \times 2.512 \times 2.512 \times 2.512 = 2.512^5$倍，也就是前面所说的恰好亮了100倍。

表3　星等差和亮度比的对应关系

星等差	亮度比	星等差	亮度比
0.1	1.096	4.0	39.82
0.5	1.585	5.0	100.00
1.0	2.512	6.0	251.2
2.0	6.310	10.0	10 000
3.0	15.85	20.0	100 000 000

对于更暗的星，7等星比6等星暗2.512倍，8等星又比7等星暗2.512倍……容易算出，11等星正好比6等星暗100倍。

比1等星亮的是"0等星"，比0等星更亮的是"-1等星"，容易明白"-4等星"应该比6等星亮上10 000倍。

在表3中，列出了星等之差与亮度之比的对应关系。

从地球上看一颗恒星的亮度，称为它的"视亮度"，它的星等数称为"视星等"。在表4中，我们列出前面已经提到的一些天体的视星等数值。

由表4和表3可以推算出，从地球上看去，天狼星要比织女星亮4倍，太阳则比天狼星亮130亿倍。

表 4　一些天体的视星等

天　　体	视 星 等	天　　体	视 星 等
太阳	−26.7	牧夫 α（大角）	0.0
月亮（满月时）	−12.7	天琴 α（织女）	0.1
金星（最亮时）	−4.4	天鹰 α（牛郎）	0.8
大犬 α（天狼）	−1.4	天鹅 α（天津四）	1.3
船底 α（老人）	−0.7	小熊 α（北极星）	2.0
半人马 α（南门二）	−0.2	天鹅 61	5.2

但是，天狼星离我们远达 2.7 秒差距，即 8.7 光年左右，要比太阳远 55 万倍。倘若把太阳和天狼星移到离我们同样远的地方，那么两者之中究竟哪个会更亮些呢？

让我们来看一下图 35。离灯 1 米远的板接收到的灯光，等于 2 米远处的 $2 \times 2 = 4$ 块同样大小的板接收到的灯光，也等于 3 米远处的 $3 \times 3 = 9$ 块同样大小的板所接收到的灯光；而 4 米远的每块板上接收到的灯光是 1 米远的板接收到的 1/16。当距离增加 k 倍时，灯的亮度看起来就暗 $k \times k = k^2$ 倍。也就是说，光源的视亮度和它到观测者的距离平方成反比。

把太阳放到天狼星那么远时，它看上去就会比现在暗 $550\,000^2$

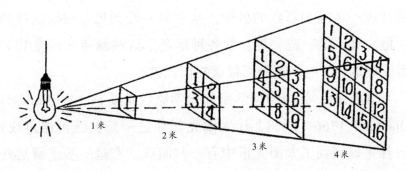

图 35　光源的视亮度与它到观测者的距离平方成反比。图中每个编上号的小方块面积都相同，但是一个小方块离电灯越远，接收到的灯光就越少

倍，即暗3000亿倍左右。因此，天狼星的实际发光本领要比太阳强3000亿/130亿≈23倍。也就是说，如果将它们移到相同的距离上，太阳就会比天狼星暗得多。

在天文学中，通常都假定将恒星移到10秒差距的距离上来比较它们的亮度。一颗星处在10秒差距这么远的距离上时，其视星等就叫作这颗星的"绝对星等"。绝对星等表征了恒星真实的发光能力——恒星的"光度"。根据光源亮度与距离平方成反比的规律，我们很容易从太阳和天狼星的视星等推算出它们的绝对星等：太阳是4.8等，天狼星是1.3等。

总之，在视星等、绝对星等和距离（或视差）这三个数字中，如果已经知道了其中的两个，就可以计算出另外一个，这在推算恒星距离时十分有用。通常，恒星的视星等可以直接由观测获得，倘若我们又能通过一些迂回的途径求出其绝对星等，那么就可以进一步确定它的视差或距离了。下面，我们首先介绍利用恒星光谱推求其绝对星等，并进而求得恒星距离的"分光视差法"。

恒星光谱分类

早在1666年，牛顿就用三棱镜分解了太阳光。阳光通过棱镜后展开成一条宛如彩虹的色带，从它的一端到另一端依次排列着红、橙、黄、绿、蓝、靛、紫各种颜色，这些颜色之间是均匀缓慢而连续地过渡的。这种彩带就叫作光谱。

19世纪初，英国物理学家和化学家沃拉斯顿（William Hyde Wollaston，1766—1828）让太阳光先穿过一条狭缝再通过棱镜，从而首先观测到了太阳光谱中有一些暗线。在进一步了解这些暗线的重要性之前，我们值得花点时间来认识一下沃拉斯顿其人。

沃拉斯顿年轻时在剑桥大学学习语言，后来转而学医，曾经行医7年，再后来又因视力衰退而放弃诊治病人，改为致力于科学研究。沃拉斯顿热衷于研究铂，并卓有成就。1804年他从铂矿中析出一种其化学性质与铂类似的新金属，并将其命名为钯（palladium），以纪念奥伯斯刚刚发现的第2号小行星智神星（Pallas）。当时，人们习惯于以一颗新行星的名字为一种新的金属取名，例如1789年发现的金属铀（uranium）以威廉·赫歇尔在8年前发现的天王星（Uranus）命名；1803年发现的金属铈（cerium）以皮亚齐于两年前发现的第1号小行星谷神星（Ceres）命名。后来，人们还用海王星的大名（Neptune）命名了金属镎（neptunium），以冥王星（Pluto）命名了金属钚（plutonium）等。

1793年，沃拉斯顿当选英国皇家学会会员。1820年，连任皇家学会主席长达42年之久的班克斯（Joseph Banks，1743—1820）去世，大家都认为继任者应该是沃拉斯顿。但是，沃拉斯顿谦逊地让位给了比他年轻的著名化学家戴维（Humphry David，1778—1829）。

沃拉斯顿第一个观测到了太阳光谱中的暗线，可惜，他误以为它们只是光谱中各种颜色之间的天然分界线而已——这是科学史上坐失发现良机的一个典型实例。

首先系统而细致地研究太阳光谱中那些暗线的是夫琅禾费。他将棱镜和小型望远镜连接起来，观测从远处的狭缝射进来的太阳光。这一装置便是有史以来的第一架分光镜（图36）。夫琅禾费于1814年发现，在太阳光谱里有"不可计数、强弱不一的垂直光谱线，它们比背景的颜色暗黑一些，有些谱线差不多是完全黑暗的"。在他发表的太阳光谱图中，暗线已经多达500余条，后人便将它们称为"夫琅禾费线"。这些光谱线的强弱宽窄虽然各不相同，它们在光谱中的相对位置却固定不变。夫琅禾费给许多重要的光谱线一一取名，它们分别用大写字母A、B、C……或小写字

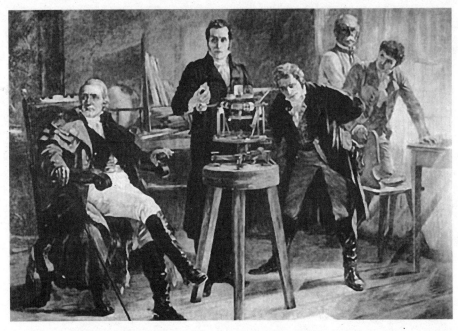

图36 夫琅禾费（直立者）和他的朋友正在进行分光镜实验

母 a、b、c……来表示，这些记号一直沿用至今。

在19世纪，自然科学各大领域中都取得了一系列重大的成就，其中之一便是认识了光的电磁本质：光是一种电磁波，不同颜色的光具有不同的波长和频率。肉眼能感知的光称为"可见光"，它的波长范围大致为4000～7000埃。"埃"是国际物理学界沿用已久的一种长度单位，通常用符号Å来表示。1 Å的长度只有1厘米的一亿分之一，即等于0.1纳米。由此可见，天文学家不仅要同像"光年"和"秒差距"那样巨大的尺度打交道，而且还得同像"纳米"和"埃"那么细小的东西交朋友。红光的波长在6500 Å（650纳米）左右，紫光的波长则短到4000 Å（400纳米）上下。在可见光两端之外，分别是红外线和紫外线。红外线的波长比红光更长，紫外线的波长比紫光更短。太阳光谱中的夫琅禾费线既然各有固定的位置，那就说明它们各有自己特定的波长。例如，橙黄色的 D_1 和 D_2 线的波长分别为5896 Å（589.6纳米）

和5890 Å（589.0纳米），红色的C线波长为6563 Å（656.3纳米），紫色的H线和K线的波长则分别为3968 Å（396.8纳米）和3934 Å（393.4纳米）。

我们也可以用分光镜和光谱仪获得大量恒星的光谱。有些恒星的光谱与太阳光谱十分相似。但是，一般说来，不同恒星的光谱相互之间往往有着不小的差异。正如生物学家对五花八门的动物或植物进行卓有成效的分类一样，天文学家也对恒星光谱做了类似的分类工作。有人认为，分类法"可能是发现世界秩序的最简单的方法"，这话多少有点道理。

最先观测恒星光谱的也是夫琅禾费，他曾将它们与太阳光谱进行比较。但是，恒星光谱分类工作的真正先驱者是意大利天文学家赛奇（Pietro Angelo Secchi，1818—1878）。他是率先将照相术用于天文学的几位先驱者之一，一生对天文学有许多重要贡献。赛奇研究了大量恒星的光谱，在人类历史上第一次明确了不同的恒星除了位置、亮度、颜色各有差异外，还存在着其他差别：恒星光谱的不同往往反映出它们的化学组成有所不同。1868年，赛奇公布了一份包含4000颗恒星的星表，表中将这些恒星按光谱的差异区分成四类。第一类是白星，它们的光谱中只有极少几条谱线，天狼星和织女星可以作为这类恒星的代表；第二类是黄星，其光谱与太阳光谱很相似；第三类是橙红星，光谱中出现明暗相间的宽阔谱带，这类谱带向着红端逐渐减弱，猎户α星（参宿四）和天蝎α星（心宿二）便是它们的代表；第四类是深红色的星，它们的光谱特征与第三类恒星恰好相反，在红端呈现出宽阔的光谱带，朝着紫端谱带逐渐减弱。赛奇开创的恒星光谱分类最终催生出恒星演化的思想，正如生物学中的物种分类曾经催生出物种进化的思想一般。

在赛奇之后，恒星光谱分类不断向前发展。到19世纪末，它已经变得非常精细。美国哈佛天文台台长皮克林（Edward Charles Pickering，1846—1919）的团队受到德雷珀纪念基金的资助——读者当记得本书"序曲"的"星座与亮星"一节已经介绍过天文学家亨利·德雷珀和德雷珀纪念基金，对恒星光谱开展了大规模的研究。皮克林的团队于1890年使用从A到Q的一系列字母（除去J）来表示不同的光谱类型（共有16类）。以后的研究发现，其中有些是双星的合成光谱，有些是拍摄得不好的光谱，于是便将某些类型取消了。

皮克林的团队最后获得24万余颗恒星的光谱，对它们分类的结果全部列入了亨利·德雷珀星表，即HD星表。如此浩瀚而精细的分类工作，大部分是由皮克林的助手坎农女士（Annie Jump Cannon，1863—1941）奋力完成的——这位两耳几乎完全失聪的女性乃是美国第一位享有世界声誉的女天文学家。

坎农按照恒星的表面温度（可惜，限于篇幅，本书不能详细介绍如何测定恒星的温度了）由高而低的次序，重新调整了主要光谱类型的顺序（图37）。从温度最高的O型星开始，构成了如下的序列：

OBAFGKM

为了便于记忆，有人利用这些字母编造了一个英语句子："Oh! Be A Fair Girl, Kiss Me."译成中文就是："啊，好一个仙女，吻我吧。"这句话中，每个单词的第一个字母恰好构成上述光谱型的顺序。每个光谱型还可以更加细致地划分成10个次型，例如从B型过渡到A型，便又有B0、B1、B2……B9这10个次型，它们的光谱特征是依次连续变化的。

这便是非常有名的"哈佛分类法"，它赢得了全世界天文学家的信赖，如今人们仍在广泛地应用它。

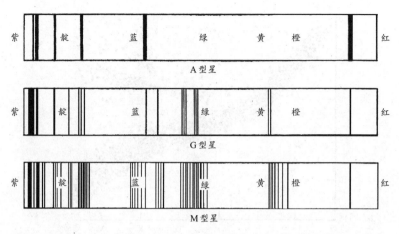

图 37　恒星光谱示意图。上面一条是 A 型星的光谱，中间是 G 型星的，下面是 M 型星的光谱

有趣的赫罗图

在进行恒星光谱分类之后，天文学家们又发现：表面温度高的恒星发光能力也强，表面温度低的恒星发光能力也低。换句话说，O 型星（它的表面温度高达三四万开）的绝对星等数字最小，M 型星（其表面温度仅为二三千开）的绝对星等数字最大。太阳是一颗 G2 型星，其表面温度略低于 6000 开，是一颗具有中等发光能力的恒星。

我们还可以用图示的方法来表现上述的规律。如图 38，横坐标代表恒星的表面温度，并且注明了与之相应的光谱型，纵坐标是恒星的光度（或绝对星等）。我们已经知道，对于距离已知的（例如，已经用三角法测出了视差的）恒星，很容易从它的视星等推算出绝对星等；光谱型则可以直接由观测确定。于是，根据一颗星的绝对星等数值和它的光谱型，便可以确定它在图上应该居于什么位置。例如，太阳的绝对星等为 + 4.8，光谱型为 G2，所以它便落在图中"太阳"两字所指处。

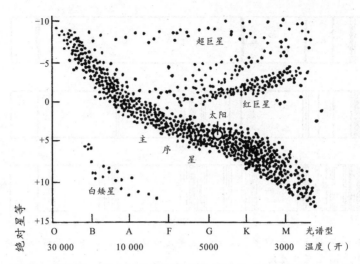

图38 赫罗图。横坐标代表恒星的表面温度（或光谱型），纵坐标代表恒星的绝对星等

20世纪初，丹麦天文学家赫兹普隆（Ejnar Hertzsprung，1873—1967）和美国天文学家罗素（Henry Norris Russell，1877—1957）各自独立地率先进行了上述这类研究，因此人们将这种图称为"赫罗图"。从图上可以看到，代表大多数恒星的点子都分布在从左上方到右下方的一条对角线上，太阳正在它的中部。这条对角线称为"主序"，落在主序上的恒星便称为"主序星"。在左下角有一些颜色白但发光能力较弱的恒星，它们称为"白矮星"；图的最上方是一些特别亮的星，称为"超巨星"，在超巨星与主序星之间则水平地分布着一些"巨星"。

正是这种赫罗图，为人们了解恒星如何度过它的一生提供了极其重要的线索。不过，我们在这儿更加关心的则是，它如何使人们大大增加了有关恒星距离的知识。利用赫罗图推求恒星视差的方法，便是下一节将要介绍的"分光视差法"。

关于赫罗图的两位创始人，还值得一提。赫兹普隆的岳父卡普坦（Jacobus Cornelius Kapteyn，1851—1922）是现代天文学中的重要人物，在后文"银河系的真正发现"一节中将会谈及卡普坦的功绩。据认为，首创"绝对星等"这一重要概念的天文学家是赫兹普隆，但另一种说法认为是卡普坦。其实很可能这是他们两人商讨的结果。

罗素20岁时毕业于普林斯顿大学天文学系，3年后取得博士学位。他从1912年35岁开始，长期担任普林斯顿大学天文台台长，直至70岁退休。罗素在天文学的许多分支各有建树，而且十分热心天文普及，他从1900年起每个月都为著名的科普期刊《科学美国人》撰文，至1943年共发表500篇作品，内容几乎涉及天文学的所有方面。

分光法的妙用

1914年，美国威尔逊山天文台的沃尔特·亚当斯（Walter Sydney Adams，1876—1956）和德国天文学家科尔许特（Ernst Arnold Kohlschütter，1883—1969）合作，发现光谱型相同的巨星和主序星彼此的光谱仍存在着一些差别。这些差异虽然细微，却具有特别重要的意义。其具体表现是：某些光谱线的强度之比，对于巨星和对于主序星很不相同。

于是，人们便可以这样来推求一颗相当遥远的恒星的距离：先拍摄它的光谱，确定它的光谱型；接着又考察它的光谱中某些光谱线的强度比，由此判断它是巨星还是主序星；这时就可以粗略地确定它在赫罗图中应该占据什么位置了。也就是说，它的绝对星等大致就等于赫罗图上同样光谱型的主序星（或巨星）的绝对星等的平均值。确定它的绝对星等后，再同它的视星等进行比较，便可以求出这颗星的距离了。

下面的比喻也许能帮助读者更好地理解这种方法的实质。不会有人否认，人的身高和体重之间有着一定的联系。一般说来，高个儿的人应该比较重，矮个儿的人往往比较轻。虽然也有十分瘦长或者特别矮胖的人，但是普遍的趋势终归是身材高的体重大，身材矮的体重轻。因此，当你知道一个人的身高为1.70米时，你就可以大致估计他的体重在70千克左右；反之，当你知道了一个人的体重为80千克时，你就会预料他的身高也许在1.80米上下。这种推测和估计不可能达到绝对准确的地步，但大致说来还是可信的。假如我们把恒星的光谱型比拟作人的身高，把它的绝对星等比拟为人的体重，那么从恒星的光谱型推测其绝对星等的可靠性，大体上就和从人的身高推测其体重的情况相仿。

也许有人会想，身高与体重之间的关系，对于男人和女人，或者对于中国人和外国人，是有些差异的，因此仅仅根据身高来推测体重也许并不很可靠。假如知道了一个人的身高，同时还知道他（或她）的民族和性别，那么就可以把他（或她）的体重估计得更准确了。同样身高1.80米的人，欧洲人往往要比亚洲人更壮实些，因此体重也更大一些，这不是显而易见的吗？

事实正是这样。因此，我们还需要尽量多知道一些其他方面的情况。对于研究人的身高与体重的关系而言，这种附加的信息可能是性别或国籍；对于研究恒星的光谱型与绝对星等的关系而言，这种附加的信息则是某些光谱线的强度之比。

有了分光视差法，人们能求出距离的恒星数目便迅速上升。求得的距离也从在地面天文台利用三角视差法的100秒差距向前一举推进到了上万秒差距。

我们还记得，在"恒星终于被征服了"一节中谈到贝塞尔关于天狼伴星的大胆猜测。后来，1862年美国望远镜制造家阿尔万·格雷厄姆·克拉克（Alvan Graham Clark, 1832—1897）在检验一块新磨制的直径46厘米的透镜时，真的借助于它在天狼星近旁看到了那颗暗弱的伴星（图39）。而最终解开天狼伴星之谜的则是沃尔特·亚当斯。

贝塞尔当初推断天狼伴星的质量不亚于太阳，如今亚当斯又根据天狼伴星的光谱断定它比太阳更热！一颗恒星，如此之热而又如此之暗，只能说明它发光的表面积很小，因而体积必定也很小——比地球大不了多少。一颗恒星，体积如此之小质量却如此之大，又说明它的物质密度必定大得出奇——要比水的密度大好几万倍！事情怎么会这样呢？原来，在天狼伴星这样的超高密度

图39 天狼星及其伴星又分别称为天狼A星和天狼B星。天狼A星是夜空中最亮的恒星，其光谱分类属于A型星，它的光辉彻底压倒了图中左下方的天狼B星——一颗典型的白矮星

恒星中，构成星体物质的原子都被压碎了，以至于它们的原子核彼此严严实实地挤在一起，变成了所谓的"退化物质"。这样的恒星就是白矮星。

现在我们再回到距离和视差问题上来。三角视差法让人们"触摸"到了100秒差距以内的近星，分光视差法则使天文学家的巨尺又往远处延伸了成百上千倍，它是我们通向更遥远天体的第一级阶梯。

然而，分光视差法也不是万能的。须知，拍摄一颗恒星的光谱，要比拍下这颗星星本身困难得多。有些遥远而暗弱的恒星，甚至用世界上最精良的望远镜和光谱仪也难以得到其清晰的光谱。况且，还有为数众多的恒星（例如许多变星和新星）并不能用寻常的方式找出其光谱与绝对星等之间的联系，它们在赫罗图上的

位置是与众不同的。对于这些天体，分光视差法就失去了它的威力。

　　幸而，天文学家们还有别的好办法。在介绍这些新方法之前，我们再来讲述一段新的插曲，它将人类深邃的目光引向太空中更加遥远的地方……

再来一段插曲:银河系和岛宇宙

从德谟克利特到康德

我们凭肉眼只能看到6000多颗恒星。天文望远镜发明以后，人们立刻明白了这只是宇宙中的冰山一角。在伽利略的望远镜中，灰蒙蒙的"银河水"碎裂成了无数的星星，但见得其中"大星光相射，小星闹若沸"，真是密密麻麻，好生热闹。然而，在此之后的一个多世纪内，始终没有人能对这一现象做出比较深入的说明。为此，让我们再回顾一下，历史上人们是如何看待银河和恒星的本质的。

在古希腊那些卓然超群的学者中，有过一些人，特别是德谟克利特（Democritus，约前460—约前370），曾天才般地猜测（请注意：这仅仅是猜测，而并没有什么具体的科学论证）银河是一大片星星构成的"云"。但是，大多数人宁愿相信亚里士多德的想法：银河是地球大气层发光的具体表现。伽利略用望远镜证实了德谟克利特的想法完全正确，但仍未能回答恒星本身又是什么东西，这在很长时间内依然是一个谜。

101

德谟克利特是古希腊最杰出的自然哲学家，他最为著名的学说是原子理论。他认为一切物质都由极小的微粒——"原子"构成，原子是不可分割的，世上没有比它更小的东西了。德谟克利特认为原子的外形彼此不同，这可以解释各种物质的不同属性。例如，水的原子平滑呈圆形，因此水才能流动而没有固定的形状。火的原子是多刺的，这就是烧灼令人痛苦的原因。自然界中物质发生明显的变化，是由于结合在一起的原子拆分开来，又以新的形式重新结合所致。原子的运动和变化受到自然规律的支配，而不是服从于神鬼的意志。但是，德谟克利特的观点只是直觉的，因而很容易遭到他人的攻击。与此相反，现代科学则扎根于定量的实验和井然有序的数学推理。

再说15世纪有一位德国的大主教，名叫尼古拉，出生在莱茵兰的库萨，后人常称他为库萨的尼古拉（Nicholas of Cusa，1401—1464）。他出生在望远镜问世之前两个世纪，他去世时哥白尼尚未来到人间。尼古拉支持阿里斯塔克的地动理论（但他并没有充分的理由去维护自己的这种信念，阐明和论证地动理论乃是哥白尼及其后继者的业绩），还提出恒星乃是远方的太阳，它们的数目可能是无穷的。他甚至想象，每颗恒星附近都可能有栖居着其他智慧生物的世界。这种猜想很可贵，不过当时并没有人重视它；即使对于尼古拉本人而言，这毕竟也只是猜测罢了。

被罗马教廷活活烧死的布鲁诺，生前也曾提出天上的恒星都是宇宙中的太阳。不过在当时，甚至连伽利略和开普勒都不敢赞同这个意见。比他们晚半个多世纪的荷兰天文学家和物理学家惠更斯（Christiaan Huygens，1629—1695）正确地阐发了布鲁诺的见解。他假定天狼星与太阳一般亮，由此估算出天狼星要比太阳远27 000倍，实际情况比这约大了20倍。惠更斯的误差来源于他的假定，因为天狼星实际上要比太阳亮得多，而它竟然显得如此暗弱，那么它的实际距离必定还要远得多。读者当记得，在"恒星终于被征服了"一节中已经谈到，哈雷也进行过类似的比较，结果是天狼星比太阳远120 000倍。

一旦明白了恒星是远方的太阳，便有一些敢想敢干的人开始研究它们在太空中的分布状况。在这方面有几位值得称道的先驱者各自独立地得出了相同的结论：天上众多的恒星组成了一个虽然极其庞大，但是范围终究有限的宏伟体系。他们是英国天文学家赖特（Thomas Wright，1711—1786）、德国大哲学家康德（Immanuel Kant，1724—1804）、德国数学家和物理学家朗伯特（Johann Heinrich Lambert，1728—1777）。此外，瑞典学者斯维登堡（Emanuel Swedenborg，1688—1772）在其《自然的法则》一书中也发表过类似的见解。

赖特是一位木匠的儿子，几乎没有上过学。当他对天文学产生兴趣，并开始狂热地学习时，父亲却认为那毫无意义，甚至把他的书都烧了。后来他离开家乡，在动荡的生活中研究航海学和天文学，并开始讲授这些课程。赖特首先于1750年从理论上解释了银河这道环抱天穹的亮圈是怎么一回事。他设想天上所有的恒星组成了一个扁平的透镜状集团，其形状很像一个车轮或一张薄饼，太阳便是这个集团的一名成员。他指出，我们地球所处的位置正好导致这样一种情况：沿着这块"透镜"的短轴观看，我们只能看见较少的恒星，在它们的后面便是黑暗的空间；如果我们沿着长轴看去，则将看到大量的恒星逐渐消融到一片发亮的烟霾中去，这片烟霾便是银河，它挡住了更加遥远的黑暗空间（图40）。总的来说，这种见解与今天的看法相当一致。

康德又将这种想法推进了一步。1755年，31岁的康德在《自然通史和天体论》一书中提出：如果我们的恒星系统是包括银河在内的有限的孤立集团，那么远离银河的空间内必定还有别的孤岛般的恒星系统。他做了这样的说明：如果从十分遥远的地方观看我们这个银河恒星系统，那么它必定很像一个黯淡的圆轮，与

图40　从人马座到仙后座的银河片段

那时用望远镜观看到的天空中的一些云雾状小斑块（即"星云"）非常相似。不过，康德的思想超越他的时代已经很远，他自己和别人暂时都不能证明这种想法的对与否。

康德一生著述丰富，1788年64岁时，他出版了哲学名著《实践理性批判》，其中有一句非常出名的话："世界上有两件东西能够深深地震撼人们的心灵，一件是我们心中崇高的道德准则，另一件是我们头顶上灿烂的星空。"两个多世纪过去了，每当人们重新诵读这句名言时，都会有一种纯洁高尚的情感从心底油然升起。

总之，到18世纪中叶，已经有几位思想家用类比推理的方法意识到这样一个基本事实：包括整个银河在内的所有恒星组成了一个伸展范围巨大但是仍然有限的系统，在它之外还存在着别的同样巨大而有限的恒星系统。

后来，英国德裔天文学家威廉·赫歇尔（William Herschel，1738—1822，图41）终于在恒星

图41　英国天文学家威廉·赫歇尔，他被后人尊称为"恒星天文学之父"

系统的研究方面迈出了关键性的一步。

银河系的真正发现

威廉·赫歇尔出生在德国的汉诺威城，父亲是一名乐师。在兄弟姐妹6人中，威廉排行第三。他和父亲一样有音乐才华，15岁起就在军乐队里当乐手，志向是当作曲家。对乐音的研究，使他对数学产生了兴趣。接着，他又对光学感兴趣了，并由此产生了用望远镜窥视宇宙的强烈欲望。此外，他对语言也非常爱好。

1756年，欧洲历史上著名的"七年战争"来临。战争的起因是英国与法国争夺殖民地以及普鲁士与奥地利争夺中欧霸权；结局是普鲁士战胜奥地利，成为欧洲大陆的新兴强国；英国战胜法国，获得法属北美殖民地，并确立了英帝国在印度的优势地位。威廉·赫歇尔厌恶战争，遂设法于1757年脱离军队，偷渡到英国，先是在利兹，后来又到了英格兰西南部的游览胜地巴斯。音乐天赋帮助威廉在巴斯站住了脚。到1766年，他已经成为当地著名的风琴手兼音乐教师，每周指导的学生多达35名。

威廉·赫歇尔对天文学的兴趣与日俱增。1773年，他用买来的透镜造出了自己的第一架折射望远镜，焦距1.2米，可放大40倍。接着，他又造了一架9米多长的折射望远镜，并且租了一架反射望远镜来进行对比，结果对后者更为满意。从此，他就潜心于研制反射望远镜了。经过无数次的尝试和挫折，他终于成了制造天文望远镜的一代宗师。他一生磨制的反射镜面达400块以上，最后还建成一架口径1.22米、镜筒长12米的大型金属镜面反射望远镜（图42），这在200多年前实在是一宗令人惊叹的伟大业绩。

威廉有个比他小12岁的妹妹，叫卡罗琳·赫歇尔（Caroline Lucretia Herschel，1750—1848），在兄弟姐妹中排行第五。1772

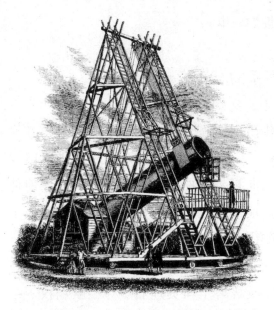

图42　赫歇尔最大的那架反射望远镜，口径1.22米，镜筒长达12米

年，威廉从英国巴斯回到德国故乡汉诺威待了一段时间，然后卡罗琳便随他到了巴斯。卡罗琳终身未嫁，一辈子忠实地当着哥哥的助手。她那详尽而从不间断的日记，记录了威廉整整50年的工作史，其中谈到当威廉因磨镜工作紧张得放不下双手的时候，卡罗琳就亲自喂年长的哥哥一口一口地进食的动人情景。他们兄妹两人都很长寿，威廉80岁后还在观测天空，卡罗琳则一直工作到90多岁。她干得很出色，最终也成为一位颇有声望的天文学家。

　　威廉·赫歇尔是天文学史上的一位巨人。他破天荒地发现了太阳系中的一颗新行星——天王星。在此之前，人们一直以为土星代表了太阳系的边界，天王星的发现则使人们所认识的太阳系的直径陡然增大了一倍。这件事在社会公众中激起的热情经久不息，以至于1/3个世纪之后英国著名诗人济慈（John Keats，1795—1821）还写下了这样的诗句：

　　　　于是我感到宛如一个瞭望天空的人，
　　　　正看见一颗新的行星映入他的眼帘。

以此来表达一种极度欢快惊喜的心情。在太阳系内，赫歇尔还发现了土星的两颗卫星和天王星的两颗卫星。

国王乔治三世为威廉·赫歇尔的成就感到高兴，便任命他为御用天文学家。从此，威廉就不必再靠音乐谋生，而可以专心致力于天文研究了。1782年下半年，威廉应国王邀请，从巴斯移居位于伦敦西面、温莎东侧的白金汉郡达切特，1786年4月又移居温莎北面不远处的白金汉郡斯劳。他建造口径1.22米的大型望远镜的梦想，正是在斯劳实现的。这架望远镜是18世纪天文望远镜的顶峰，随时都会来人瞻仰，国王乔治三世和外国的天文学家就是常客。威廉将国王给他的津贴全部用于维护保养望远镜以及支付工人的工资，他的经济状况依然拮据，直到1788年50岁时娶了一位有钱的寡妇，情况方始彻底改观。

威廉最伟大的科学成就属于恒星天文学的范畴，因此人们公正地将他赞誉为近代"恒星天文学之父"。他首创了大规模的双星研究工作，观测、记录和研究了大量的"星团"和"星云"。他于1783年巧妙地发现了太阳也有自行，论证了太阳正以17.5千米/秒的速度朝着武仙座的方向前进。他说道："我们无权假设太阳是静止的，这正和我们不应否认地球的周日运动一样。"这样，赫歇尔就比哥白尼又前进了一大步。哥白尼否定地球是宇宙的中心，却又用太阳代替了它。而根据赫歇尔的发现，人们就会很自然地得出结论：太阳也不是宇宙的中心；也许，整个宇宙根本就没有中心吧？

赫歇尔希望明了"宇宙的结构"——其实用今天的话来说，他所了解的还只是"银河系的结构"而已。他采用的方法是，用他那些第一流的望远镜朝着天空的各个方向观测，并且一颗一颗地数出在各个方向上所能看到的星数。显然，如果要在望远镜中看到全天的恒星并数出全部的数目，那么工作量就会大得根本无法完成。于是，赫歇尔挑选了683个较小的区域，它们散布在英国可见的整个天空中。从1784年起，他开始进行恒星计数工作。在1083次的观测中，他一共数出了117 600颗恒星。他发现越靠近银河，每单位面积天空中的恒星数目便越多，银河平面内的星星最多，在垂直于银河平面的方向上星星最少。这与赖特的理论正相符合。

正是通过这样的计数工作，赫歇尔确定了我们置身于其中的这个庞大恒星系统的外貌：它确实大致呈透镜状，其直径大致为太阳到天狼星距离的850倍，厚度则为太阳到天狼星距离的150倍。当然，那时对于天狼星本身的实际距离尚一无所知。后来弄清，赫歇尔的这些数字仍比真实情况小了许多。

由于这个庞大恒星系统的大部分星星都位于银河中，因此人们便将这透镜状的整个系统称作"银河系"了。可以说，赫歇尔是第一个真正发现银河系的人，是他首先大致确定了这个星系的形状、大小以及其中的星数。他根据实际计数的结果推测，银河系中恒星的总数也许有若干亿，但比起如今我们所知道的，这又是一个太小的数字。

20世纪初，荷兰天文学家卡普坦提议，应该在现代天文学的基础上重新进行恒星计数工作，并根据在各个方向上求得的星数来确定银河系的形状。为了使工作量不至于大得无法胜任，卡普坦决定在天空中选取一些天区，仅在这些"选区"中进行恒星计数。1906年，他提出了大致均匀分布在天空中的206个选区，由全世界许多天文台协同工作，中国上海的佘山天文台也参与其中。这时人们已经知道一些近星的距离，又有了赫歇尔时代尚不具备的天文照相技术，因此计数结果比赫歇尔有了很大改进。1922年，即卡普坦临终的那一年，他已能据此提出一种银河系的模型，其样式与赫歇尔的颇为相似，只是尺度要比赫歇尔的模型大得多：银河系的直径大约是40 000光年，厚度约7500光年，太阳大致就在这个恒星系的中央。然而，这个数字依然太保守。

如今我们知道银河系的形状大致如图43。它由2000多亿颗恒星组成，外形宛如乐队中用的大钹，中央鼓起的部分叫核球，四周扁薄的部分叫银盘。整个银河系的直径在10万光年上下，太阳大致位于它的对称平面上，离开银河系中心大约2.7万光年。人类自己身处银河系中观看银河系内的星星，宛如一个躲在巨钹中的人在环视这个巨钹的四周边沿。这个巨钹内的人只能看见有一个完整的环带围绕着自己，而无法直接看出它的全貌。这正是："不识庐山真面目，只缘身在此山中。"

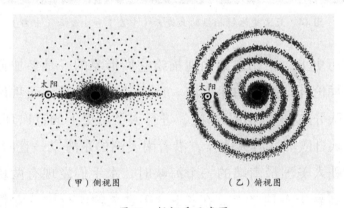

（甲）侧视图　　　　　　（乙）俯视图

图43　银河系示意图

人们是怎样确定银河系大小的呢？这也是测定天体距离方面的一个重要课题，我们在后面还要继续谈论它。现在，让我们先把眼光放得更远一些，来看看银河系以外的广阔天地吧。

宇宙中的"岛屿"

公元10世纪的阿拉伯人已经发现，在南半球，用肉眼就可以清晰地看到，天空中有一大一小两块云雾似的弥漫状天体。图44是现代用天文望远镜拍摄它们的照片。

图44　天文望远镜拍摄的大麦云（中左）和小麦云（中右）

在历史上，第一次准确地描绘它们形象的，是参加葡萄牙探险家麦哲伦环球航行的船员们。1519年8月10日，麦哲伦率领一支探险队分乘5艘船出发远航，进行人类历史上的首次环球航行。他的船队自欧洲横渡大西洋，沿着南美洲的东海岸一直向南前行。当最后驶入美洲最南端的一个海峡时，水手们发现有两块云一般的东西高悬于头顶之上。在长达3年之久的航行中，麦哲伦的船队损失了4艘船，他本人也在航行到菲律宾的时候，同当地的土著发生争执而被杀害。1522年9月8日，仅剩的最后一艘船"维多利亚号"终于返回到西班牙。回到欧洲后，水手们公布了关于天上那"两块云"的发现。后来，人们就把这两块"星云"按其大小分别称为"大麦哲伦星云"和"小麦哲伦星云"，在汉语中也常简称为"大麦云"和"小麦云"。它们在星空中的位置如图45所示。当初船队经过的那个海峡，后来就称为麦哲伦海峡。在穿越海峡时，麦哲伦他们正好遇上一场暴风雨，船队处境十分险恶。可是穿过海峡后，眼前突然出现了一片宁静的大洋，因此他们称它为"太平洋"。虽然这个名字一直沿用至今，但实际上太平洋丝

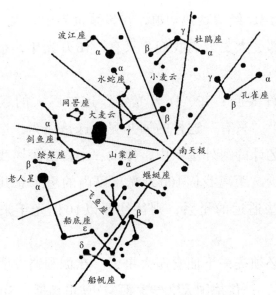

波江座
α
β
γ 杜鹃座
α
水蛇座
α
小麦云
γ
孔雀座
α
网罟座
β
大麦云
α
剑鱼座
γ
南天极
绘架座
山案座
β
蝘蜓座
老人星
α
飞鱼座
β
船底座
ε
δ
船帆座

图45　大麦云和小麦云在星空中的位置

毫也不比大西洋更安宁。

　　大麦云位于剑鱼座和山案座交界的地方，小麦云位于杜鹃座内。威廉·赫歇尔的儿子约翰·赫歇尔（John Frederick William Herschel，1792—1871）曾于1834—1837年在南非好望角附近进行了3年天文观测。他在那儿特别仔细地观测了大、小麦云，发现在这些"云"内包含着极为丰富的内容。他在大麦云里识别了919个不同的天体，在小麦云里则识别了244个。约翰·赫歇尔断定它们乃是"南半球特有的一种恒星系统"。事实上，用今天的巨型天文望远镜很容易将大、小麦云中的个别星体更清晰地分解开来，由此可见它们确实像银河系那样，是由许许多多恒星聚集在一起而构成的庞大的恒星系统。

　　在广阔无涯的宇宙空间中，像银河系和大、小麦云这样的恒星系统真是太多了。康德曾将它们比拟为漂泊在无限宇宙中的"岛屿"，把它们叫作"岛宇宙"。在现代天文学中，因为它们都在银河系以外，所以正规的名称叫作"河外星系"，通常也简称为"星系"。今天我们已经清楚地知道，在星系世界中，大、小麦云乃是银河系的近邻。大麦云离我们"只有"16万光年，小麦云离我们19万光年。

读者也许要问：在"16万光年"这样巨大的数字前面，为什么还要加上"只有"这样的词儿呢？这是因为，迄今为止所发现的数以百亿计的河外星系中，像大、小麦云距离我们这么近的确实为数极少。距离我们100万光年以内的星系总共不过十来个而已；而那些遥远的星系，则往往要以10亿光年来计量它们的距离。

我们还必须提一下仙女座大星云。在伽利略发明天文望远镜之后仅仅3年，一位德国天文学家西蒙·马里乌斯（Simon Marius，1573—1624），于1612年12月15日通过自己的望远镜看到，仙女座中有一颗"恒星"有些异样。它不像别的星星那样呈现为一个明锐的光点，而是一小块雾状的亮斑，活像"透过一个灯笼的角质小窗看到的烛焰"。后来，人们将它称为"仙女座大星云"（图46）。事实上，仙女座大星云是人类仅用肉眼就能看到的最遥远的天体，但是直到3个多世纪之后，人们才真正弄明白这一点。

西蒙·马里乌斯是一个拉丁化的名字——使用拉丁化的名字是当时学者们的时尚，他的德语真名是西蒙·迈尔（Simon Mayr）。他曾在第谷门下学习天文，随后又在意大利学医。他几乎与伽利略同时独立发现了木星的4颗卫星，并将它们命名为伊俄（Io，即木卫一）、欧罗巴（Europa，即木卫二）、加尼梅德（Ganymede，即木卫三）和卡列斯托（Callisto，即木卫四），这些名字一直沿用到了今天。

仙女座大星云在星空中的位置如图47所示。在无月的晴夜，具有正常目力的人，用肉眼即可勉强看出它是一个暗弱的光斑。康德早就猜想，它是如同我们自己的这个恒星系统——银河系那

图46　美丽的仙女座大星云，今称"仙女座星系"或"仙女星系"

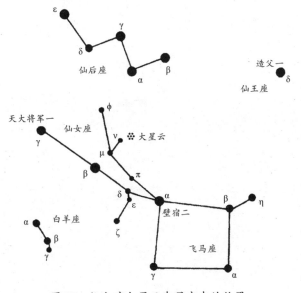

图47　仙女座大星云在星空中的位置

样的巨大恒星集团，只是因为距离实在太遥远，才使它看起来模糊不清。

　　近代天文学的进步证实了康德的想法完全正确。就像大麦云和小麦云那样，现代那些威力惊人的巨型天文望远镜也将仙女座大星云分解成了一个个星星点点。事实上，除了大、小麦云以外，仙女座大星云乃是唯一可以用肉眼直接看见的星系，它由不下3000亿颗恒星组成。仙女座大星云的大小和模样，恰好都与我们的银河系十分相似，因此看到它就仿佛是看到了我们银河系的肖像。仙女座大星云离我们达220万光年之遥，但它仍然是银河系的邻居，比它更遥远成百上千倍的星系实在是多得不可胜数。

　　然而，如此遥远的河外星系的距离又是怎样知道的呢？

　　我们在下面介绍如何用"造父视差法"推算遥远恒星的距离并确定银河系的大小时，测定星系距离的问题也就得到了相应的回答。

通向遥远恒星的第二级阶梯

聋哑少年和造父变星

恒星自行的发现，彻底清除了恒星"永世不变"这样一种静止僵化的观念。另一方面，恒星这个词儿，原先也包含着其亮度一成不变的意思。随着近代天文学的发展，这种偏见最终也烟消云散了。

古人很早就注意到一种罕见的天象：天空中突然会冒出一颗"新的"星星来。其实，这种所谓的"新星"并不是新诞生的恒星，相反，它们倒是恒星年老的象征。一个世纪以来，研究恒星如何度过其一生，即恒星如何"生长老死"（更科学的说法叫作"恒星的演化"）取得了巨大的进展，人们才明白了这一点。

实际上，新星本来是一些暗弱的星星，往常人们看不见它；或者，它隐匿在满天繁星之间而未惹人注意。但是，忽然间它爆发了，抛射出大量物质，这时它的亮度突然增大成百上千倍乃至几百万倍，平均说来约增亮11个星等，即几万倍。于是，人们发现了它，以为在那儿突然出现了一颗新的恒星，"新星"这个名称正是这样来的。

爆发规模比新星更大的另一类恒星，被称为"超新星"。它们爆发时可以增亮17个星等以上，即增亮千万倍乃至上亿倍。超新星是恒星世界中已知的最激烈的爆发过程。它爆发时放出的能量，可抵得上千万个到百亿个太阳的能量；也就是说，一颗爆发中的超新星的发光能力几乎可以与整个星系相当。当然，超新星现象要比新星更为罕见。

我国有着世界上最早的新星记录。《汉书》上的汉武帝"元光元年六月客星见于房"，是世界上第一条有关新星的文献记载。"客星"指新星，有时也指超新星、彗星，好像天空中突然来了一位不速之客；"房"指房宿，是二十八宿之一；这颗新星出现的时间是汉武帝元光元年，即公元前134年。

毫无疑问，新星和超新星一定增添了古代人研究星空的兴趣。利用新星和超新星测定星系的距离颇有妙处，后文中还会谈到这一点。除此而外，在长达几十个世纪的岁月中，似乎没有哪一位天文学家想到满天恒星的亮度还会有什么变化。

直到公元1596年，才有一位德国人法布里修斯（David Fabricius，1564—1617）明确地认识了第一颗"变星"。变星，通常是指那些在不太长的时间（例如几小时到几年）内亮度便有可察觉的变化（例如几分之一个星等到几个星等）的恒星。

这位法布里修斯是第谷和开普勒的朋友，是最先使用望远镜从事天文研究的人之一。不过，他发现第一颗变星却是在望远镜发明之前的事情。1596年10月，他注意到鲸鱼座里原先有一颗3等星变得看不见了。这颗星在中国古代名叫"蒭藁增二"，国际通用的名字是鲸鱼o（希腊字母o读作奥米克戎）。后来，这颗星又重新出现了。人们最终发现它的亮度变化是周期性的，周期是334天。半个世纪之后，波兰天文学家赫维留斯（Johannes Hevelius，

1611—1687）又给它取了个名字叫"米拉"（Mira），意思是"奇怪"，因此直到今天人们还称它为"鲸鱼怪星"。它的发现者法布里修斯是一位新教牧师，他是一个不幸的人，于1617年被他教区的一个居民谋杀身亡。此人是个贼，法布里修斯曾警告说要揭发他。

第二颗变星是英仙β，中文名叫大陵五（图48）。也许，阿拉伯人早已发现它的亮度明显地起伏波动，所以他们称它为"阿尔戈尔"（Algol）。在阿拉伯语中，这个词的意思是"变幻莫测的神灵"，因此大陵五有时也叫作"魔星"。在1670年和1733年都有人注意到它的亮度变化，然而一直没人对它进行系统的观测。

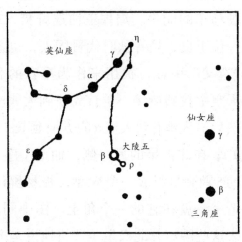

图48 "魔星"大陵五在星空中的位置

现在，我们的主角出场了。英国荷兰裔业余天文学家古德里克（John Goodricke，1764—1786）是一个很不平凡的人，他自幼聋哑，只活到22岁，竟然还做出了这项第一流的发现。1782年11月12日夜晚，古德里克观测到大陵五逐渐暗了下去，并发现当它的亮度下降到正常亮度的1/3时，又重新亮了起来，直至复原。面对这种奇怪的现象，这位当时才18岁的少年毫不张皇，他沉着地提出：一定是另有一颗暗得看不见的星星陪伴着大陵五，就像发生日食那样，由于它周期性的遮掩，使得大陵五的亮度有了周期性的变化。事实证明，古德里克这种大胆的设想是正确的。天文学家们后来又发现许多同样类型的变星，便将它们统称为食变星或大陵型变星。

接下去，还是这位聋哑少年古德里克，又发现了两颗新的变星：仙王δ星和天琴β星。直到1844年，人们认识的变星还只有6颗。然而，以后的发展很快，20世纪后期所知的变星已经数以万计。

仙王δ星，中国古星名"造父一"。造父是西周时代人，是驾驶马车的能手。周穆王西巡狩猎，就由造父驾驭马车。另外还有一位王良，是春秋时代晋国人，也善于驾车。后来，"王良"也和"造父"一样，被用来作为星官的名字。我们根据图49，不难在天空中找到造父一：首先找到大熊座的北斗七星是很容易的事情，然后沿大熊β到大熊α的方向延长5倍左右就遇到了北极星（小熊α）；在北极星的另一侧，仙王（座）与仙后（座）并列；仙后座的5颗亮星组成一个W型，极易辨认；旁边的仙王座也不难找到，造父一就在它的一个角上。图中同心圆上的数字10°、20°……代表这些圈离开北极星（严格地说是离开北天极）的度数。

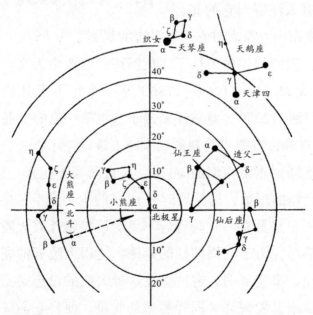

图49　北极星附近的星空和造父一的位置，图中的数字10°、20°……代表相应的圆圈离北天极的度数

古德里克发现仙王δ星是一颗变星时才20岁。图50是造父一的亮度随着时间变化的情况，这种曲线名叫"光变曲线"。可以看出，造父一最亮时是3.6等，最暗时是4.3等，亮度的变化达到1.9倍。它从最暗变到最亮，又回复到最暗所需的时间，叫作它的"光变周期"。古德里克确定造父一的光变周期是5.37天，这是一个十分准确的数字。

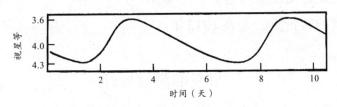

图50 造父一（仙王δ）的光变曲线

凡是亮度变化的方式与造父一相类似的，也就是光变曲线与造父一的光变曲线相似的变星，都称为"仙王δ型变星"，或称为"第一类造父变星"，有时也直接简称为"造父变星"。它们的光变周期多数在3～50天之间，而以5～6天的为最多。后来查明，造成这类变星光变的原因乃是整个星体在脉动。换句话说，它们的半径在时大时小地变化，整个星体在一胀一缩，有人戏谑地将这比作恒星在喘着粗气。

人们发现的造父变星数目与日俱增。有些造父变星的视亮度比其他造父变星亮，有的则是光变周期特别长。它们之间似乎并没有什么明显的联系。这并不奇怪，因为视亮度与恒星的距离远近以及发光能力两个因素都有关系。假如能把所有的造父变星统统移到同样的距离上再做比较，这时它们的亮度与光变周期是否会表现出某种规律性呢？例如，"体格强壮容光焕发"的那些造父变星，会不会"气喘"得不那么匆促呢？发光能力强（即绝对星等数值较小）的变星，光变周期会不会也长一些？

假如能测出这些造父变星的视差（无论是三角视差还是分光视差都行），我们便可以由它们的视星等推算出绝对星等，并进而研究绝对星等同光变周期之间究竟有没有什么联系。遗憾的是，没有一颗造父变星离我们近得足以测出它的三角视差。离我们最近的造父变星是北极星，就连它的距离也已经超出三角视差法力所能及的范围。同时，造父变星的光谱也与寻常恒星的光谱不一般，所以分光视差法对它们也不适用。

　　事情的转折点，是在1912年。

一根新的测量标杆

　　1902年，34岁的美国人亨利埃塔·斯旺·勒维特（Henrietta Swan Leavitt，1868—1921）到哈佛天文台工作。1912年，勒维特在哈佛大学设于南美洲秘鲁阿雷基帕的一座天文台研究大、小麦哲伦星云。她观测了小麦云里的25颗造父变星，一一记录下它们的光变周期（约2～120天）和视星等（12.5～15.5等）。结果，她惊喜地发现：光变周期越长的造父变星亮度也越大，非常有规律。

　　这件事具有非常重要的意义。小麦云离我们远达19万光年（尽管当时还不知道这个数字），与这个距离相比，它本身的尺度可以说是很小的。因此可以认为，小麦云里所有的恒星，包括这些造父变星在内，距离我们大体上都一样远。这就好比每一个住在上海的人，不论他住在哪一幢房子里，到北京的距离大致都是一样的。根据同样的理由，可以说在小麦云中，离我们最远的那颗星也并不比离我们最近的那颗星远多少。换句话说，勒维特已经把这些造父变星都"放到了"同样的距离上（尽管当时并不知道这个距离究竟是多远），进行比较的结果是：亮度越大的，光变周期就越长。图51画出了大麦云和小麦云内的造父变星的"视星等-光变周期"关系图，根据上面谈的理由容易理解，它其实也反映了光变周期与绝对星等之间的某种联系，即光变周期与光度之间的关系。

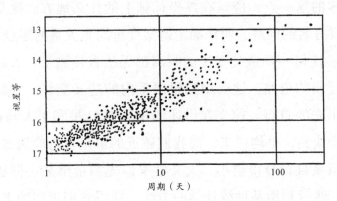

图51　大麦云和小麦云中造父变星的"视星等-光变周期"关系图

在银河系内，这种关系被某些因素掩盖了，因为一颗光度低、周期短的造父变星可能离我们很近，以至于它看起来比一颗光度高、周期长距离却很远的造父变星显得更亮。但是在大、小麦哲伦星云内，所有的恒星到我们的距离几乎都相同，因而避免了会引起混淆的因素。

这样，天文学家就获得了一根测量造父变星距离的相对标杆：只要两颗造父变星具有相同的光变周期，它们也就有相同的绝对星等，即光度相同。又倘若这两颗星的视星等并不相同，那么，由于光源视亮度与它到观测者的距离平方成反比，就可知道视亮度较大的距离就较近，视亮度较暗的距离就较远。假如，造父变星甲与造父变星乙的光变周期相同，而甲的视亮度为乙的9倍，那么就可以知道乙同我们的距离是甲的3倍。于是，只要能定出任何一颗造父变星的距离或者绝对星等，那就可以推算出其他所有造父变星的距离了。换句话说，只要确定一颗造父变星的绝对星等，我们就可以将图51中的纵坐标由视星等换算成绝对星等。

用绝对星等做纵坐标、光变周期做横坐标，作出的图叫作"周光关系"曲线。现在的问题是绝对星等的"原点"，即绝对星等数为零的这一点，应该在纵坐标轴上的什么地方。这是天文学中一个很有名的问题，叫作确定造父变星周光关系的零点。

既然任何一颗造父变星的距离都无法直接测量，人们便只好走一条迂回的道路。这要用到银河系内的造父变星，它们具有可以测量出来的自行。前文在讲述测定天鹅61星和半人马α星的距离时已经谈到，平均说来，离我们越近的恒星自行应该显得越大，越远的恒星自行显得越小。天文学家们先测量出某一群造父变星的自行，然后利用某种统计学的方法，获得它们近似的平均距离。具体的做法比较繁复，这里就不详谈了。总之，人们用统计方法定出一群造父变星的平均距离后，就可以进而确定它们的绝对星等，这样，周光关系的零点也就有了着落。最后，终于有了如图52那样的造父变星周光关系图。

这是一根新的标准量尺。我们举一个例子来说明，如何用它求出遥远造父变星的距离。例如，有一颗造父变星，由直接观测知道它的视星等为16等，光变周期是10天。我们沿着后文图54中的虚线可以查出它的绝对星等是−4等。那么，试问：它处于多远的地方才会暗成如我们所见的16等星呢？

16等星与−4等星相比，要

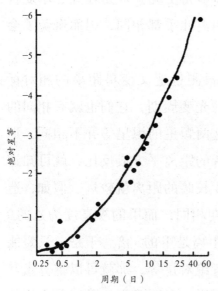

图52　造父变星的周光关系图

差20个星等，这相当于亮度相差1亿倍。相应地，它的距离就要比10秒差距远1万倍，因此它离我们有10万秒差距，即326 000光年那么远。用三角视差法和分光视差法是不可能测量如此遥远的距离的。

这样求出的恒星视差叫"造父视差"。可以说，它是继分光视差之后进一步通向更遥远恒星的又一级阶梯。它不仅能获得相当准确的结果，而且还能可靠地测定球状星团和河外星系的距离。因此，造父变星荣获了"示距天体"和"量天尺"的美名。

球状星团和银河系的大小

银河系的大小是将造父视差法应用于球状星团而定出的。

在茫茫太空中，恒星的"群居"乃是一种很普遍的现象。前面我们已经谈到过双星，它的两颗子星在万有引力作用之下互相绕转不已。如果是3颗星这样聚集在一起，它们就组成了"三合星"，半人马α双星加上比邻星便是这样一个三合星系统。同样还有四合星、五合星，如此等等。不过，通常当3颗以上到10来颗恒星聚集在一起时，我们又将它们称作"聚星"。更多的星星"抱成一团"时，便形成了"星团"。

星团可以分为球状星团和疏散星团两种。疏散星团中包含的恒星从几十颗至1000颗以上，其中的成员星彼此相距较远，一般容易用望远镜将它们分解为单个的恒星。至20世纪末，共计已经发现1000多个疏散星团。因为疏散星团大多位于银河带附近，所以又称为银河星团。

球状星团由成千上万乃至几十万、上百万颗恒星聚集而成，整个星团形成一个庞大的圆球，其直径从几十光年到四五百光年不等。在球状星团内恒星非常密集，平均密度要比太阳附近恒星分布的密度大50倍光景。在球状星团中心，恒星分布的密度更是大到太阳附近恒星密度的千倍以上。迄20世纪末，在银河系中发现的球状星团约有150个，估计在整个银河系中这样的星团也许有500个左右。

第一个球状星团是恒星天文学之父威廉·赫歇尔发现的。他的观测纠正了康德认为天上所有的云雾状斑块——当时统称为"星云"——都是"岛宇宙"的看法。比康德晚出生6年的法国天文学家梅西叶（Charles Messier，1730—1817）首先编出了一份包含有103个貌似云雾状斑块的天体表。

在法国，梅西叶第一个看到了哈雷彗星1758年那一次著名的回归，这激励他成为一位执着的彗星搜索者。然而，他在搜索的过程中经常将那些星云与彗星相混淆。于是，他决定将自己观测到的星云列成一个表，"猎彗者"们就不会再受它们的捉弄了。倘若在天空中看到了一颗疑似的彗星，那么首先就应该拿梅西叶的表来检验一下，然后再宣布究竟发现了什么东西。此后，人们就用梅西叶表中的编号来称呼这些天体，例如M1、M2、M3……这里，M便是梅西叶姓氏的第一个字母。在梅西叶表中，仙女座大星云（现代更正确的名称是"仙女座星系"或"仙女星系"）列为第31号，故又名M31。赫歇尔用威力更大的望远镜观测到更多的这类天体，发现梅西叶表中的某些星云其实是由一大群暗星密集而成的。例如，早在1714年哈雷已曾注意过的M13，便是这样一个巨大的星团，也许含有上百万颗恒星。它位于武仙座中，因此人们称它为武仙座大星团——银河系内的一个巨大的球状星团（图53）。

球状星团里有许多变星。例如，20世纪80年代初，人们累计已在银河系内的96个球状星团中发现了2000多颗变星，其中大部分是"天琴RR型变星"，其余的则多为"室女W型变星"。天琴

RR型变星又叫"短周期造父变星",其光度变化周期仅为四五个小时到一天多。正因为它们常出现于球状星团中,故又称为"星团变星"。室女W型变星又叫"第二类造父变星",光变周期以10～20天的居多,其典型代表便是室女W星。相应地,仙王δ型变星又称为"第一类造父变星"。天琴RR型变星和室女W型变星也像仙王δ型变星一样,各自存在着确定的周光关系。

图53 球状星团M13,即著名的"武仙座大星团",其中包含着上百万颗恒星

图54中,一并画出了上述三类变星的周光关系。我们可以清楚地看到,天琴RR型变星的绝对星等几乎总是同一个数值:0等

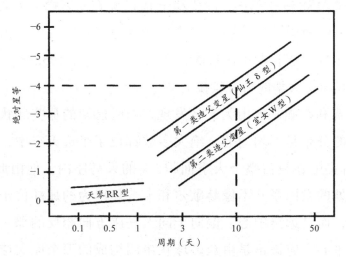

图54 第一类造父变星、第二类造父变星和短周期造父变星的周光关系

左右，因此它们仿佛是太空中一支支标准的蜡烛，或是一盏盏瓦数固定的天灯，我们观测了它的视星等便可推算出它的距离。室女W型变星的周光关系与仙王δ型变星非常相似。但是，第二类造父变星的绝对星等要比具有同样光变周期的第一类造父变星的绝对星等暗1.5～2等。总之，由于所有这些变星的周光关系都相当明确，所以都可以作为我们的"量天尺"和"示距天体"。

球状星团虽大，但是其本身的大小同它到我们这里的距离相比仍然微不足道——其理由和前面说到小麦云时的情况是一样的，因此球状星团内这些"示距天体"所指示的距离便可以看作整个球状星团同我们之间的距离。

求出每个球状星团的距离后，就可以勾画出一幅球状星团在我们银河系内的三维分布图了。结果表明，所有这些球状星团合在一起，又形成了一个更大的球——由一个个球状星团组成的更庞大的集团。它分布在整个银河系中，仿佛勾画出了银河系大致的轮廓。

最先从事这种研究的，是美国天文学家沙普利（Harlow Sharpley，1885—1972）。沙普利于1913年在罗素指导下取得普林斯顿大学的博士学位，1914年到加利福尼亚州的威尔逊山天文台工作，1921年起长期担任哈佛天文台台长，直至1952年。1956年以后他是哈佛大学的名誉教授。

沙普利在威尔逊山天文台发现，当时已知的那些球状星团在天穹上的分布是不均匀的，绝大多数都位于半边天空中，并且有1/3左右集中在只占整个天空面积2%的人马座内。他由此推断：我们所处的太阳系并不像赫歇尔和卡普坦以为的那样位于银河系的中心，而是远离中心、偏向于同人马座方向相反的那一侧。银河系的中心，应该正是由众多球状星团构成的那个庞大球体的中心，它就在人马座的方向上（图55）。沙普利利用造父变星的周光关系来确定当时所知的那些球状星团的距离，于1918年构建了一个新的银河系模型：银河系的形状似透镜，直径约70 000秒差距，厚度约7000秒差距。这要比卡普坦估算的数值大得多。

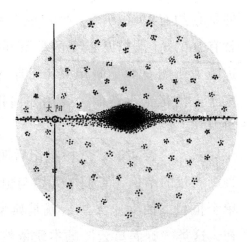

图55 球状星团的不均匀分布，意味着太阳并不在银河系的中心。图中每一小团星代表一个球状星团。显然，从太阳的位置上看，右半边的球状星团比左半边多得多

沙普利的工作战胜了同他尖锐对立的意见，第一次提出了一幅比较真实地反映银河系大小的图景。就像哥白尼把地球从想象中的宇宙中心赶下台那样，沙普利又把太阳从想象中的银河系中心赶了出去。不过，后来的研究表明，沙普利有点走过头了。他把银河系估计得过高了——银河系并没有他估算的那么大。其原因是他没有考虑到银河系内有许多虽然组成物质很稀薄，但是非常巨大的"星际尘埃云"，它们阻挡了天文学家的视线。沙普利研究的一些球状星团被尘埃云所遮蔽，使这些星团中的造父变星看起来显得更暗了，这使人们误以为它们处于更加遥远的地方，结果便是把银河系估计得过大。

如何估计这种"星际消光"造成的影响，这也是一件很麻烦的事情。不过，天文学家们终究还是想法解决了这个问题。修正了星际消光的影响后，推算得到的银河系直径大致为100 000光年。

巡天遥测十亿岛

M31（仙女星系）的视星等是4等左右。全天亮于20等的河

外星系约有2000万个，平均说来在满月那么大小的一块天空上就有100来个。若从最亮的星系开始，一直观测到目前最大的望远镜力所能及的最暗星系（可暗于26等），则总数可达数百亿，甚至上千亿个。然而，我们如何得知这数以亿计的岛宇宙的距离呢？

其实，天文学家在19世纪后期已经发现，有一类星云具有某种旋涡状的结构，它们的光谱与恒星相似，却无法分辨出其中的单个恒星，仙女座大星云就是典型的一例。直至20世纪20年代初，这类"旋涡星云"的本质依然是个谜。问题的要害在于它们究竟是银河系内的天体，还是处于银河系外。对此，天文学家发生了持久而激烈的争论。

1917年，美国天文学家乔治·威利斯·里奇（George Willis Ritchey，1864—1945）从在威尔逊山天文台所拍摄的一张星云照片中发现了一颗新星。这个星云名叫NGC 6949，NGC是1888—1910年出版的《星云星团新总表》（*New General Catalogue*）的简称，NGC 6949则是该表中编号为6949的天体。同年，另一位美国天文学家柯蒂斯（Heber Doust Curtis，1872—1942）也在仙女座大星云M31和其他类似的"星云"中发现了新星。

柯蒂斯起初是加利福尼亚州纳帕学院的拉丁语和希腊语教授，在那里他对望远镜产生了兴趣，并由此而涉猎天文学，后来成为天文学教授。到了1918年，柯蒂斯在仙女座大星云M31里发现的新星已经很多，这使他认为必须当真将这个"星云"看作十分遥远而巨大的恒星系统了。因为新星在天空中原是很罕见的，所以除非M31中包含着极其众多的恒星，否则是不会在其中涌现出那么多新星的。可是，这块星云看上去那么暗，那么小，因此它必定远得出奇。况且，所有这些新星的视亮度都比人们偶然见到的普通新星暗得多，这就又为它们距离遥远增添了一个佐证。柯蒂斯由此估计，M31同我们的距离远达500 000光年。

1918年末，地处美国加利福尼亚州的威尔逊山天文台上落成一架新的望远镜，它的反射镜口径达2.54米。在30年之内，它一直是天文望远镜之王。直到1948年，其冠军宝座才转交给那时刚落成的帕洛玛山天文台口径5.08米的反射望远镜。1923—1924年间，美国天文学家哈勃（Edwin Powell Hubble，1889—1953，

图56　20世纪最杰出的天文学家哈勃，他被人们尊称为"星系天文学之父"

图56）借助这架2.54米的反射望远镜，终于在M31的边缘部分分解出大量暗弱的单个恒星。

哈勃是一位非常重要的天文学家，他于1910年从芝加哥大学天文学系肄业，前往英国牛津大学攻读法学。1913年哈勃回到美国开过一家律师事务所，但是第二年就前往芝加哥大学叶凯士天文台，做美国天文学家弗罗斯特（Edwin Brant Frost，1866—1935）的助手和研究生，并于1917年取得博士学位。当时美国天文界的领军人物、威尔逊山天文台台长海尔（George Ellery Hale，1868—1938）注意到哈勃的天文观测才能，便建议他去威尔逊山天文台工作。但此时第一次世界大战犹酣，哈勃应征入伍，随军赴欧洲服役。他于1919年10月回国后，随即赴威尔逊山天文台与海尔共事。正是那里落成未久的2.54米反射望远镜，为他做出一系列历史性的发现提供了极有利的条件。哈勃史无前例地在几个旋涡星云的外围区域辨认出许多造父变星，并利用周光关系推算出它们的距离，结果毋庸置

疑地证明，M31和M33这两个旋涡星云都远远位于银河系以外，它们都是与银河系很相似的庞大恒星集团。当时它们被称为"河外星云"，多年以后又更合理地改称为"河外星系"，或简称为"星系"。

宇宙中的众多星系亦如世界上的众多生物，为了研究就应该对它们进行分类。首先有效地进行星系分类的也是哈勃：旋涡星系具有旋涡状的结构，中心区域呈透镜状，周围绕有扁平的圆盘，从星系核心部分伸出若干条螺旋状"旋臂"，叠加到圆盘上。椭圆星系呈椭球形或圆球状，中心区域最亮，向边缘亮度逐渐减小。不同椭圆星系的质量差异非常大，质量最小的矮椭圆星系仅与球状星团相仿，大致相当于100万个太阳；质量最大的超巨椭圆星系则可达太阳质量的数万亿倍。不规则星系的外形不规则，也没有明显的核心和旋臂，在全天的亮星系中它们只占5%左右。仙女星系M31和银河系都是旋涡星系，大、小麦云则均属不规则星系之列。哈勃描述的星系形态序列表明，众多的星系宛如同一家族中互有联系的成员，从而为人们进入神秘的星系世界提供了一幅导游图。

16世纪的哥白尼使人类认识了太阳系，18世纪的威廉·赫歇尔又使人类认识了银河系，现在哈勃更是将人类的视野引向了无比广阔的星系世界，他因此而被誉为20世纪的哥白尼。1929年，哈勃又做出一项极其重要的发现，即著名的"哈勃定律"，这将在后文"耐人寻味的红移"一节中再详细介绍。

哈勃的一生极具传奇色彩。他英俊魁梧，篮球、网球、橄榄球、跳高、撑竿跳、铅球、链球、拳击、射击等许多体育项目皆成绩不俗。哈勃在晚年颇有希望荣获诺贝尔物理学奖，但是死神突然来临了——他因突发脑血栓而猝死。遵照哈勃的遗愿，没有丧礼，没有追悼会，也没有坟墓，他的骨灰埋葬在一个秘密的地方。

第二次世界大战期间，洛杉矶市一度实行战时灯火管制，从而使威尔逊山附近的夜空分外黑暗，这对天文观测而言真是难得的好机会。1942年，旅美德国天文学家巴德（Walter Baade，1893—1960）抓住这一时机，使用威尔逊山的2.54米反射望远镜（图57），首先成功地分辨出M31内部区域的单颗恒星。巴德是在德国出生的，1919年获格丁根大学博士学位，1931年到美国威尔逊山天文台，后来又到帕洛玛山天文台工作，对天文学做出不少重要贡献。前面谈到的第1566号小行星伊卡鲁斯就是巴德于1948年发现的。1958年，巴德回到德国，两年后在格丁根去世。

当初，哈勃在1924年利用造父变星的周光关系，推断M31的距离要比小麦云远5倍以上。当时认为小麦云离我们约160 000光

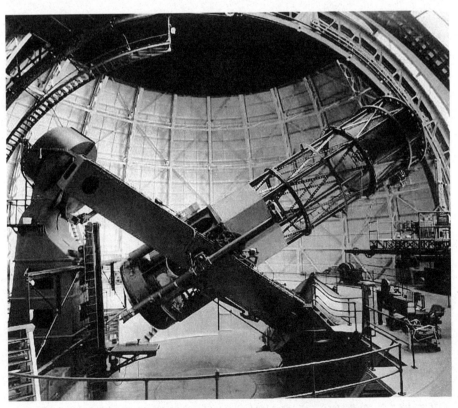

图57　美国威尔逊山天文台口径2.54米的反射望远镜

年，于是M31与我们相距应达800 000光年以上。可是1/4个世纪以后，巴德弄清了M31的实际距离比这还要远。因为在相当长一段时间内，人们不知道有第一类造父变星和第二类造父变星之别，所以当初哈勃是将M31中的第一类造父变星与小麦云中的第二类造父变星不加区别地进行比较的。考虑到这一点（以及一些别的因素）后，重新确定的M31的距离是2 200 000光年。

人们由此进一步推断，既然M31和其他星系比过去设想的还要远得多，那么它们必定也要大得多，这样从地球上看去它们才会显得那样亮。我们的银河系并不是一个特大号的星系，而只是普通尺码。例如，M31就比它大。如同哥白尼把地球赶下台、沙普利把太阳赶下台一样，巴德也把我们的银河系从佼佼者的位置上赶下来。

造父变星是测定一切河外星系距离的出发点。只要在某一个河外星系中发现了造父变星，我们便可以推算出它的距离。然而，有那么多的星系是如此遥远，以至于用世界上最大的天文望远镜也无法看到它里面的最亮的造父变星，这时又该如何处置呢？

正如三角视差法和分光视差法各有自己的"势力范围"一样，造父视差法也有自己的极限。当星系的距离远到约5000万光年时，就必须采用一些更间接的方法来测量它们的距离了。

就像恒星喜好群居那样，宇宙中的星系也有明显的"抱团"倾向，星系团就是由十几个、几十个乃至成千上万个星系群居在一起组成的集团。星系团中的每一个星系都称为这个星系团的成员星系，各成员星系之间有着力学上的联系（通常就是它们彼此间的万有引力）。目前已发现的星系团数以万计，大多数星系都是各种星系团的成员。

成员星系数目在100以下的、较小的星系团，通常又称为"星系群"。我们银河系身处其中的这个星系群称为"本星系群"，它由银河系、仙女星系等数十个大小不等的星系组成。就像光度和质量大的恒星叫巨星、光度和质量小的恒星叫矮星那样，光度和质量大的星系叫巨星系、光度和质量小的便叫矮星系。又好比恒星有双星、三合星等那样，星系也有双重星系、三重星系等类似的名称。本星系群的几十个成员中有两个是巨星系，它们就是银河系和仙女星系M31。它们各与一些离它们较近的较小星系聚集成银河系"次群"和仙女星系"次群"，我们可以这样来概括本星系群中主要成员星系的组合情况：

银河系
大麦云 ⎫ 麦哲伦双星系 ⎫ 银河系次群
小麦云 ⎭
仙女星系M31 ⎫
M32 ⎬ 仙女三合星系
NGC205 ⎭
仙女矮星系   ⎫ 仙女星系次群
NGC147 ⎫ 仙女双矮星系
NGC185 ⎭
三角星系M33

　　图58是本星系群部分成员的分布示意图。表5列出本星系群之外某些较亮星系的概况，其中也包括它们的距离。

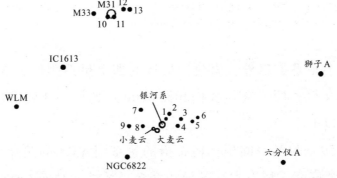

图58　银河系的近邻——本星系群的部分成员。图中数码代表：1. 天龙星系；2. 小熊星系；3. 大熊星系；4. 六分仪C；5. 狮子Ⅰ；6. 狮子Ⅱ；7. 飞马星系；8. 玉夫星系；9. 天炉星系；10. NGC 221；11. NGC 205；12. NGC 185；13. NGC 147

表5 一些较亮星系的概况（不包括本星系群的星系）*

NGC	又 名	类 型	视星等	视直径（角分）	距离（兆秒差距）	视向速度**（千米/秒）
55		旋涡	8.84	37.15	2.13	129
2403		旋涡	8.80	28.18	3.18	125
3031	M81	旋涡	7.79	28.18	3.63	−38
3034	M82	不规则	9.06	11.48	3.53	183
3115		椭圆	9.87	8.51	9.68	681
4258	M106	旋涡	9.10	18.62	7.83	447
4594	M104	旋涡	8.98	11.75	9.30	1090
4736	M94	旋涡	8.70	15.14	4.66	308
4826	M64	旋涡	9.30	13.80	4.37	409
5055	M63	旋涡	9.32	16.22	8.99	500
5128	半人马A	椭圆	7.84	34.67	3.75	556
5194	M51	旋涡	8.61	15.85	8.40	446
5236	M83	旋涡	8.20	18.62	4.92	519
5457	M101	旋涡	8.31	30.20	7.38	240
7793		旋涡	9.72	14.13	3.91	227

* 资料来源参见 http://vizier.cfa.harvard.edu/viz-bin/VizieR?-source=J/AJ/145/101
** 视向速度为"＋"表示运动方向是离我们而去，"－"表示向我们而来。事实上，总的说来，除了本星系群中的一些星系正在朝向我们运动而外，较远的星系几乎都在退离我们，而且总的说来，越远的星系退行得越快。详见"耐人寻味的红移"一节

在本星系群以外，离我们最近的那个星系团位于室女座内，故称室女星系团。它与我们相距6000万光年，其成员星系多达2500个以上。

图59是哈勃空间望远镜拍摄的星系团A370的照片（局部）。除了密密麻麻、形态大小各异的众多星系外，画面右侧那个巨大的圆弧也很引人注目。经过复杂而细致的分析和计算，天文学家断定它其实并非星系团本身的结构，而是一个更遥远的天体受到

所谓"引力透镜效应"的影响，从而畸变失真的形象。

有些大的星系团，例如著名的后发星系团，可以有上千个比较明亮的成员。后发星系团位于后发座方向，距离我们约350 000 000光年，它的直径达800万光年左右，包含的星系总数可能超过10 000个。那儿的星系比较密集，各星系间的平均距离大约只有300 000光年，而银河系附近星系的平均距离则差不多为3 000 000光年。

图59　哈勃空间望远镜拍摄的星系团A370（局部）

有趣的是，星系团又会聚集成更高一级的集团，称为"超星系团"，或者称为"二级星系团"。本星系群同附近50个以上的星系群和星系团构成的超星系团称为"本超星系团"，其中也包括上面所说的室女星系团。超星系团的外形往往是扁长的，本超星系团的长径大约有1亿～2亿光年。

人们早就想到：超星系团是否还会进一步聚集形成更高级的"三级""四级"星系团呢？这种想法很吸引人，不过天文观测并未显示出这样的迹象。

下面，让我们继续考察天文学家怎样量出了更加遥远的星系的距离。

欲穷亿年目,更上几层楼

接力棒传给了新星和超新星

征服遥远的天体,量度它们的距离,这犹如一种规模宏大、历程漫长的接力跑。它的起点是人类的老家地球。起跑后的第一棒叫作"三角视差法",它一直跑到100秒差距开外才把接力棒递给下一位选手"分光视差法"。"分光视差法"在银河系内可算是进退自如,但是拍摄一颗恒星的光谱毕竟要比拍摄一颗恒星本身困难得多,因此即使用目前世界上第一流的巨型天文望远镜,即使对于光度大到绝对星等为0等的恒星,当它远到10万秒差距,即约32万光年时,也就很难获得它的光谱了。这样,分光视差法自然也就失去用武之地了。

这时,造父变星接过了接力棒。由于所有的天琴RR型变星绝对星等均为0等左右,因此当它们远达50万秒差距,即约160万光年时,视星等便降到了约24等,更远的天琴RR型变星就更暗了,这已接近目前最大天文望远镜的观测极限。另一方面,由仙王δ型变星的周光关系可知,此类变星中光变周期最长者可亮到绝

136

对星等-6.5等左右,当它们的距离在1300万秒差距,即约4000万光年以外时,视星等也降到了约24等;而室女W型变星还不如它亮。因此,"造父视差法"力所能及的范围,大致也就是1300万秒差距,即约4000万光年。

很自然地人们会想到,如果能找到发光能力比造父变星更强的某种恒星作为我们的"标准烛光"或"标准灯泡",那么,即使这些天灯悬浮在太空中更加遥远的地方,也还是能为我们照亮那儿的里程碑。

于是,新星和超新星从造父变星手里接过了接力棒(图60)。天文学家发现,当银河系里的新星爆发达到最亮的时候,它们的绝对星等彼此相差不多,大致都在-5.5～-9.5等的范围内,平均说来约为-7.3等。因此,如果把所有新星的绝对星等都当作-7.3等的话,那么这与实际情况相比,至多也不过相差2个星等而已,这相当于亮度有6.3倍的误差,而由此推算出来的距离之不确定性则在2.5倍以内。从日常生活的角度来看,测量一个目标的距离如果与实际情况差到2.5倍,那恐怕是很不能令人满意的。但是在天文学中,在没有更好的办法的情况下,这也就算可以了。因为,这样的结果至少能给人一种相当具体的印象:我们关心的目标究竟是在10 000光年、100 000光年、1 000 000光年以外,还是远在10 000 000光年以外呢?

确定新星距离的实际方法是:当一颗新星出现时,观测其亮度

图60 测量天体距离的接力棒传给新星和超新星寓意图

增到极大时的视星等，并假定它的绝对星等就是上面所说的–7.3等，将两者做一比较，立即便可推算出距离。当距离达到1800万秒差距，即逾5000万光年时，绝对星等–7.3等的恒星便减暗到视星等约24等。超出这个范围，新星也就很难使上劲儿了。

然而，超新星比新星强得多。历史上有一颗著名的超新星，中国古籍《宋史·天文志》《宋会要辑稿》等对它有详细的记载：宋仁宗至和元年五月己丑（1054年7月4日），在天关星（即金牛ζ星）附近出现一颗客星，如同金星那样白昼都可以看见，光芒四射，颜色赤白，持续了23天。一直到643天之后的1056年4月6日，它才隐没不见。这颗星如此之亮、出现时间如此之久，足以表明那是一次超新星爆发事件。朝鲜和日本的古籍中也留下了这颗客星的记录，但是正处于中世纪宗教统治黑暗时期的欧洲，未留下关于它的任何记载。

历史上还有另一些声名显赫的超新星爆发记录。例如，上述"天关客星"出现之后5个世纪，1572年11月11日黄昏，丹麦天文学家第谷发现在仙后座中有一颗前所未见的亮星。他非常详细地观测、记录它的亮度和颜色变化，一直持续到1574年2月。1573年，第谷在《论新星》一书中详细介绍了自己的观测研究成果。起初，人们将这颗星称为第谷新星，但后来断定它其实是一颗超新星，所以又称其为第谷超新星了。

其实，第谷超新星在中国也有记录。据《明实录》记载，明穆宗隆庆六年十月初三日丙辰（1572年11月8日），东北方出现客星，如弹丸，到十月十九日壬申夜此星呈赤黄色，大如盏，光芒四出。上述发现日期比第谷还早了3天。欧洲也有人比第谷早几天发现这颗星的，只是记述远不如第谷详尽。

超新星是大质量恒星演化到晚年整个星体发生剧烈爆发的现象，爆发时抛出的大量物质迅速向四面八方膨胀，扩散成星云状的超新星遗迹。梅西叶星云表中列为第1号的天体M1——后来称为"蟹状星云"（图61），正好处于1054年天关客星的位置上。1921年，美国天文学家邓肯（John Charles Duncan，1882—1967）通过光谱观测发现蟹状星云在膨胀。1928年，哈勃测出蟹状星云的膨胀速度，并据此推断它正是1054年超新星爆发的遗迹。1942年，荷兰

图61 "蟹状星云"因外观似蟹而得名，它在梅西叶天体表中列为第1号，故又称M1。蟹状星云位于"天关"（金牛ζ）星附近，距离地球6500万光年。它是1054年超新星爆发的遗迹，至今仍在继续膨胀中

天文学家奥尔特（Jan Hendrik Oort，1900—1992）等进一步证实了这一论断。天关客星同蟹状星云的联系，强烈地激发了国际天文界广泛研究中国古代天象记录的兴趣。

20世纪70年代以来，对超新星的研究有相当大的进展。超新星可以分成两种类型，Ⅰ型超新星（严格说来是其中的一个子型，即Ⅰa型超新星，详见后文"膨胀的宇宙"一节）爆发的极大光度平均约为绝对星等-19等，比太阳亮40亿倍光景；Ⅱ型超新星爆发的极大光度平均约为绝对星等-17等，比太阳约亮6亿倍。确定超新星距离的方法与新星相同，例如，当一颗Ⅰa型超新星出现时，观测其亮度上升到极大时的视星等，并假定它的绝对星等就是上面所说的-19等，将两者做一比较，便可得出距离。容易算出，对于Ⅰa型超新星，测量的距离可超过百亿光年；对Ⅱ型超新星，也可达40亿光年以上。

测定新星和超新星距离的意义不仅在于知道它们本身有多远，

而且可以利用它们确定球状星团和河外星系的距离。在任何一个球状星团或河外星系中，只要发现了新星或超新星，那么这些星的距离也就是该星团或星系的距离，这和用造父视差法测定星系距离的道理是一样的。

不过，倘若我们急于测出某个星团或星系的距离，而偏偏并没有新星或超新星出现于其中，那又如何是好呢？

当然，探索大自然奥秘的人决不能守株待兔。在目前的情况下，还可以让亮星来为我们效劳。

亮星也来出一把力

将近一个世纪前，沙普利详尽地研究了球状星团。他根据球状星团成员星向中心密集的程度，将它们分成12个等级：第 I 级的中心密集程度最高，第 XII 级的中心密集程度最低。当时有48个球状星团是观测得非常仔细的，沙普利将这每一个星团内的亮星都按亮度大小排了队。他认为，最亮的那些星很有可能并不真正属于星团，而是一些前景星，即位于星团和我们观测者之中途的恒星。于是，他把每个星团中视亮度最亮的5颗星先去掉（无疑，这有相当大的主观随意性）。然后，他发现属于第 I 级的各个球状星团中，第六亮的星平均比天琴RR型变星亮1.77等，它们的绝对星等约为-1.8等，第三十亮的星平均比天琴RR型变星亮1.04等，它们的绝对星等大致为-1等；属于第 XII 级的各个星团中，第六亮的星平均比天琴RR型变星亮1.3等，其绝对星等为-1.3等，第三十亮的星平均绝对星等则为-0.7等。从第 II 级到第 XI 级的星团，也各有相应的具体数据。于是，即使在一些球状星团中没有出现新星或超新星，而且它们又远得使天文学家无法看到其中的天琴RR型变星，人们也还是可以利用这些亮星来推算它们的距离。例如，有一个待测距离的球状星团，根据其成员星向中心密集的程度来判断，属于沙普利分级方案中的第Ⅰ级，那么我们就可以假设它的第六亮星的绝对星等为-1.8等，第三十亮星的绝对星等为-1等，再同它们的视星等相比较，就不难推算出这个星团的距离了。

对于河外星系，也可以采用类似的办法。在银河系里，最亮的恒星主要是光谱型为O型和B0—B2型的，以及一些所谓的沃尔夫-拉叶星。沃尔夫-拉叶星，是19世纪的法国天文学家沃尔夫（Charles Joseph Etienne Wolf，1827—1918）和拉叶（Georges Antoine Pons Rayet，1839—1906）首先于1867年发现的，它们的光谱中具有某种与众不同的鲜明特点，这类星的表面温度在30 000开上下。它们的平均绝对星等约为-7等。于是，天文学家将某些河外星系中的同类恒星的绝对星等也取作-7等，这样就可以根据这类亮星的视星等推算出它们所在星系的距离。由此测到的最远距离大致为1300万秒差距，即约4000万光年，与利用新星测量的范围相差不远。

由大小知距离

对于远得无法分辨其中的单个恒星的球状星团或河外星系，天文学家也有办法对付它们。这时，可以根据星团和星系的大小来估计它们的远近。这种方法的立足点，就是众所周知的物体的"近大远小"。

比如太阳和月亮，它们在天空中看起来仿佛一样大，其实太阳的直径是月亮的390倍。凑巧，太阳恰好又比月亮远了390倍，所以它们的圆面在天空中的视角径便几乎相等，都是32′左右。从地球上看任何一个天体的视角径，总是同该天体与我们的距离成反比。换句话说，如图62，只要我们知道了一个天体真正的线直径D（例如是多少千米或若干光年），又通过观测知道了它的视角径α，那么就可以通过下面这个再简单不过的公式算出它的距离r：

$$r = D/\alpha$$

反过来，如果我们知道了一个天体的距离r和它的视角径α，那么又可以根据上面这个公式计算出它的线直径D。

图62　天体的线直径D、视角径α和距离r三者的相互关系

　　人们已经用前面谈到的一些方法（例如利用天琴RR型变星，利用新星或亮星等）求出若干球状星团的距离，并据此从它们的视角径求出线直径。结果发现：球状星团的直径在20～150秒差距之间，平均直径约为80秒差距，即约260光年。倘若我们假定，某个距离未知的球状星团的直径也是80秒差距，那又可以从观测它的视角径推算出它的距离了。

不过，由这种方法得到的结果不会很准确。这是因为：第一，如果一个球状星团的直径其实是20秒差距，而我们却认为它是80秒差距，这样直径就差了4倍，求出的距离也会差4倍；第二，准确确定球状星团的视角径本身也很困难，因为一个星团中的成员星，越往星团的外围区域就变得越稀疏，到了星团的最外围就很不容易分清楚哪些星属于星团，哪些星不属于星团了。

从视角径求河外星系的距离，原理和方法都和球状星团的情况一样，但问题还要更严重些。由于大星系的直径（可达几万秒差距）要比小星系的直径（仅几千秒差距）大许多倍，因此用平均直径代替每个星系的线直径也就更不可靠了。星系的视角径也不容易定准，它严重地受到拍摄星系照片时的观测条件的制约。

总之，利用这种方法只能粗略地推测星团和星系的距离，但它仍可以同用其他方法求出的距离互相比较、互相校验。

集体的贡献：累积星等

当星团或星系十分遥远时，我们无法分辨其中的单颗恒星，当然也无法用单星来确定它们的距离。这时，除了"从大小知远近"外，还可以利用星团和星系的"累积星等"求出距离。

累积星等代表了把星团或星系中的全部恒星统统加在一起究竟有多亮，这是一种"集体的贡献"。它也可以用视星等和绝对星等来表示。这时，尽管每颗星的光芒已暗不可见，它们联合起来却仍使整个星团或星系耀然天际。

对于已经求出距离的每个球状星团，当然可以从它们的视星等一一求获绝对星等。结果发现球状星团的平均绝对星等约为-7.4等。如果认为距离尚未知晓的球状星团的平均绝对星等亦为-7.4等，那么又可以反过来，将它与视星等进行比较而推算出距离。

利用这一方法，可测出数千万秒差距（上亿光年）远的球状星团及其所在星系的距离。

关于如何求得球状星团距离的方法，我们就介绍到这里为止。表6选列了一些球状星团的大小、距离和视亮度。正如前面已经指出的那样，球状星团其实并没有一个很明锐的边界，因此要确定一个球状星团的直径究竟有多大，实在非常困难。为了克服这种随意性，天文学家们想了一个办法，那就是用"有效半径"来表征球状星团的大小。有效半径的定义是：球状星团在此半径范

表6 一些球状星团的视亮度、有效半径和距离 *

NGC	又 名	有效半径（角分）	距离（千秒差距）	累积视星等
104	杜鹃47	3.17	4.5	3.95
4590	M68	1.51	10.3	7.84
5024	M53	1.31	17.9	7.61
5139	半人马 ω	5.00	5.2	3.68
5272	M3	2.31	10.2	6.19
5904	M5	1.77	7.5	5.65
6121	M4	4.33	2.2	5.63
6205	M13	1.69	7.1	5.78
6218	M12	1.77	4.8	6.70
6266	M62	0.92	6.8	6.45
6273	M19	1.32	8.8	6.77
6341	M92	1.02	8.3	6.44
6656	M22	3.36	3.2	5.10
6809	M55	2.83	5.4	6.32
7078	M15	1.00	10.4	6.20

* 表中NGC 104又名杜鹃47，NGC 5139又名半人马 ω，人们起初以为它们是单个的恒星。本表资料来源可参见http://physwww.mcmaster.ca/~harris/mwgc.dat

围内的亮度正好占星团的总亮度之半，因此它又常被称为"半光半径"。表6中的第3列给出的便是球状星团的"有效角半径"。

至于不同的星系，累积绝对星等的差异很大。我们在"巡天遥测十亿岛"一节中已经介绍过，哈勃按外形的不同将星系分为三大类，即旋涡星系（图63）、椭圆星系和不规则星系，各类星系的累积绝对星等情况如表7所示。倘若认为待测距离的那个星系的累积绝对星等，就等于它所属那种类型的星系的平均累积绝对星等，那么再与累积视星等相比较，距离问题便迎刃而解了。

NGC 2811　　　Sa型　　　NGC 2841　　　Sb型　　　NGC 628 M74　　　Sc型

图63　旋涡星系可以分为三种次型，分别称为Sa型、Sb型和Sc型。Sa型（左图）的旋臂缠绕得最紧，Sb型（中图）的旋臂比较舒展，Sc型（右图）的旋臂最为松开

表7　各类星系的累积绝对星等

星 系 类 型	绝对星等范围	平均绝对星等
椭圆星系	−9〜−23等	−16等
旋涡星系	−15〜−21等	−18等
不规则星系	−13〜−18等	−15.5等

当然，因为各类星系绝对星等的范围都扩展得很广，所以这种方法不是很准确。不规则星系和旋涡星系的情况较好，按此测出的距离与实际情况至多不过相差三四倍；椭圆星系则有可能差到二三十倍。

现在读者已经看到，在走向离我们数亿光年甚至数十亿光年的极遥远星系时，人们是如何成功地攻克了一个又一个难关，我们的接力跑如何一棒又一棒地往下传。如今，我们依然在这条通往百亿光年之外的崎岖道路上，步履艰难却又坚定不移地一步步前进着。古人有言："欲穷千里目，更上一层楼。"在我们这里却是"欲穷亿年目，更上几层楼"了。

最后，我们再介绍一种饶有兴味而卓有成效的方法。为此，我们先从光谱线的"红移"谈起。

耐人寻味的红移

当火车疾驶经过车站时，站台上的人会觉得火车的汽笛声发生了变化：当火车奔向我们而来时，汽笛声便越来越尖；当火车离我们远去时，汽笛的音调又逐渐降低。1842年，奥地利物理学家多普勒（Christian Johann Doppler，1803—1853）首先阐明造成这种现象的原因。他指出：当火车趋近我们时，每秒钟到达我们耳朵里的声波个数就比火车静止时多，因为这些声波除了从静止声源（汽笛）出发时按正常速度传播外，另外还附加了火车行驶的速度；而当火车离去时，每秒钟传到我们耳朵中的声波数目要比火车静止时少些，因为这些声波传来的速度变慢了，它等于声源（汽笛）静止时的声速减去列车的速度。总之，汽笛声的音调变化，乃是由于声源的运动使每秒钟撞击我们耳膜的声波数目发生了变化。这种现象，就称为"多普勒效应"。

多普勒列出了声源和观察者之间的相对运动速度同音调的数学关系式。过了两三年，在荷兰有人做了一个奇特的实验，证实这个数学关系式确凿无误。实验过程是这样的：一个火车头拉着一节平板货车以不同的速度来回跑了两天，平板车上的号手们吹奏着各种音调，一些对绝对音高有良好判断力的乐师站在地上，记下列车前来及离去时的音高，结果与按照多普勒的数学公式计算的结果正相符合。

光也是一种波——电磁波，多普勒效应不仅适用于声波，而且同样适用于光波。一个高速运动的光源发出的光，到达我们的眼睛时，波长和频率也发生了变化，也就是说它的颜色会有所改变。多普勒本人就曾指出：恒星的颜色必定会按它接近或远离我们的速度不同而发生不同程度的变化。这种看法原则上显然是无可非议的，实际上却不尽然。因为恒星运动的速度要比光速小得多，所以由恒星运动造成的光波波长变化是微乎其微的，它们根本不会导致恒星的颜色发生任何可察觉的变化。

1848年，法国物理学家斐佐（Armand Hippolyte Fizeau，1819—1896）指出：观测光波的多普勒效应，最好的办法乃是测量光谱线位置的微小移动。当恒星趋近我们时，有如火车向我们驶来，这时星光的"光调"也会升高，也就是光波的频率增高，波长变短，于是光谱线往光谱中的紫端（波长较短的一端）移动；反之，当恒星远去时，"光调"降低，频率低了，波长就变长，光谱线便向光谱的红端移动（图64）。天文学家们通过测定光谱线"红移"或"紫移"的程度，便能计算出恒星在观测者的视线方向上趋近或离去的速度，这就是所谓的"视向速度"。

1868年，英国天文学家哈金斯（William Huggins，1824—1910）首先测得天狼星正以46.5千米/秒的速度远离我们而去。如今我们知道，天狼星其实是以8千米/秒的速度朝向我们而来，所以哈金斯测得并不准。然而，这毕竟是人类历史上的第一次尝试。因此，哈金斯在天文学史上仍然占有光荣的一席。哈金斯是用照相方法研究天体光谱的一位先驱者，他根据对光谱线的研究查明，存在于地球上的一些元素，同样也存在于恒星上。于是，亚里士多德认为天体由地球上不存在的某种特殊物质组成的观念便宣告终结

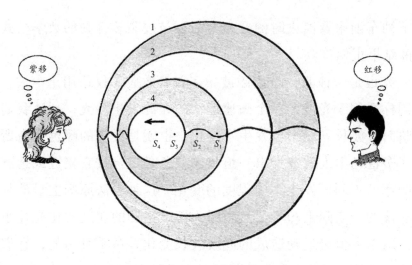

图64　光波的"多普勒效应"原理图。当光源朝向观测者运动时，观测者将发现光波的波长变短，于是光谱线往整个光谱的紫端移动；当光源远离观测者而去时，观测者将发现光波的波长变长，于是光谱线便向光谱的红端移动

了。到了1875年，哈金斯已设计出一种拍摄光谱的方法：随着曝光时间的加长，来自恒星或其他暗弱天体的光可以累积起来，过去因为太微弱致使肉眼无法看见的暗淡光谱就能被显影出来。利用照相术还有一个重要的优点，那就是可以将光谱永久地记录下来，待有空的时候再进行测量。1900—1905年，老年的哈金斯担任了英国皇家学会主席。

视向速度可以根据光谱线的位移来确定，而与恒星的距离无关，因此在天文学中极其重要。哪怕是宇宙中最遥远的天体，只要能够获得它们的光谱，就能测出它们的视向速度。与此相反的是，只有对于离我们较近的恒星，才能测出其垂直于视线方向的自行。

1890年，美国天文学家基勒（James Edward Keeler，1857—1900）测出了大角星（牧夫α）正以6千米/秒的速度朝我们靠拢。这个数字说明当时的测量水平已经很高，如今我们知道大角星正以5千米/秒的视向速度向着我们而来。

利用多普勒效应也可以研究星系的运动。1912年，美国天文学家斯莱弗（Vesto Melvin Slipher，1875—1969）发现，仙女座大星云M31正以约200千米/秒的速度向我们奔驰而来——须知当时尚未弄清它是一个河外天体呢。可是两年以后，当他测出15个星云（后来查明它们其实都是星系）的视向速度后，发现其中竟有13个都在以几百千米每秒的速度远离我们而去，在它们的光谱中，光谱线都有红移。为什么这么多的星系都要"逃离"我们呢？在当时，这确实是一个令人费解的问题。

对星系视向速度的研究在继续进行着。通常，人们用字母z来代表一个天体的"红移量"，或者干脆就简称为"红移"。它可以这样来计算：如果将光谱中处于正常位置（即未移动）的某一光谱线的波长记作λ_0，由于存在视向速度而使该光谱线移动到波长为λ的位置上，则波长位移的净大小为两者之差（$\lambda-\lambda_0$），红移量z与它们的关系如下：

$$z = \frac{\lambda - \lambda_0}{\lambda_0}$$

另一方面，红移z又和视向速度v_r成正比，写成公式就是：

$$z = \frac{v_r}{c}$$

其中c是光速，为300 000千米/秒。[①]

1929年，哈勃研究了业已用前述各种方法确定距离的24个星系的红移。结果发现距离越远的星系红移越大；而且，距离和红移

---

① 当天体的视向速度非常大（例如，大到几万千米每秒，甚至大到接近于光速）的时候，必须改用以下这个较为复杂的公式：

$$z = \left[\left(1 + \frac{v_r}{c} \right) \Big/ \sqrt{1 - \frac{v_r^2}{c^2}} \right] - 1$$

之间有着良好的正比关系，这便是著名的"哈勃定律"。哈勃定律既可以用图的形式来表示（图65），也可以写成如下的简单公式：

$$z = H \cdot \frac{r}{c}$$

即

$$v_r = cz = H \cdot r$$

其中 c 是光速，r 是星系的距离，z 是星系的红移，v_r 是星系的视向速度。H 是一个比例常量，称为"哈勃常量"。哈勃常量要根据大量天文观测来推算，它的具体数值很不容易定准。例如，1974—1976年，美国天文学家桑德奇（Allan Rex Sandage，1926—2010）等人曾采用多种不同的方法，推算得出 H = 55千米/秒/兆秒差距。它的意思就是说，河外星系的距离每增加1兆秒差距，它退离我们的视向速度便增加55千米/秒。桑德奇是20世纪很有影响的一

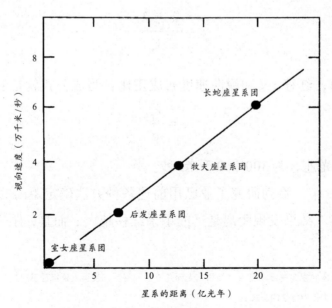

图65 哈勃定律。越远的星系退离我们的视向速度就越大，因而其红移也越大

位天文学家，他1953年在加州理工学院取得博士学位，导师是著名天文学家巴德。同时，桑德奇又是哈勃的一名研究生助理。1953年哈勃逝世后，桑德奇成为哈勃研究计划的继承人，成就卓著。

2009年5月，美国国家航空航天局发布新得出的哈勃常量值 $H = 74.2$ 千米/秒/兆秒差距，其不确定度在5%以内。2013年3月，欧洲空间局又宣布最新推算得出的结果：$H = 67.80$ 千米/秒/兆秒差距，误差范围为 ± 0.77 千米/秒/兆秒差距。

有了哈勃定律，我们就可以通过拍摄河外星系的光谱，测量出它的光谱线的红移量，进而利用上面的公式求获它的距离了。容易明白，我们可以将一个星系团或星系群中任意一个成员星系的距离看作整个星系团或星系群的距离。这种情况，同前面介绍的把星团或星系中某一成员星的距离视为整个星团或星系的距离是很相似的。

在前文的表5中，已经列出一些较亮星系（不包括本星系群中的星系）的名称、类型、视星等、大小、距离和视向速度。表8再列出一些星系团的概况。

表8　一些星系团的概况

星系团名称	视角径（度）	距离（兆秒差距）	视向速度（千米/秒）	红移 z
室女星系团	12	19	1180	0.004
飞马 I 星系团	1	65	3700	0.012
巨蟹星系团	3	80	4800	0.016
双鱼星系团	10	66	5000	0.017
英仙星系团	4	97	5400	0.018
后发星系团	4	113	6700	0.022
武仙星系团	0.1	175	10 300	0.034

（续表）

星系团名称	视角径（度）	距离（兆秒差距）	视向速度（千米/秒）	红移 z
大熊 I 星系团	0.7	270	15 400	0.051
狮子星系团	0.6	310	19 500	0.065
北冕星系团	0.5	350	21 600	0.072
双子星系团	0.5	350	23 300	0.078
牧夫星系团	0.3	650	39 400	0.131
大熊 II 星系团	0.2	680	41 000	0.137
长蛇 II 星系团		1000	60 600	0.202

膨胀的宇宙

从上面几个表里可以看到，那些距离如此遥远的天体系统，都在以多么巨大的速度朝四面八方退离我们而去啊！这简直就像整个宇宙都在疯狂地膨胀一般。

确实，早在1930年，英国天文学家爱丁顿（Arthur Stanley Eddington，1882—1944）就将哈勃定律解释为宇宙的膨胀效应。哈勃定律的确立是20世纪天文学极重大的成就，它表明宇宙在整体上静止的观念已经过时，取而代之的是一幅空前宏伟的膨胀图景。紧接着的任务便是更准确地测定宇宙膨胀的速率，以及膨胀速率本身如何随时间而变化。

如今，多数天文学家对这种情况的解释是：目前我们所能观测到的整个宇宙（它的尺度超过10 000 000 000光年），正处在一种宏伟的膨胀之中。这有点像一个表面上粘了许许多多面粉颗粒的气球，气球膨胀时它表面上的任何一颗粉粒都会看见，其他所有的颗粒都在远离自己，而且离得越远的粉粒退行的速度也越大。

不管气球表面上的哪一颗面粉粒，看到的情景都是一样的。如果将每个星系都当作气球上的面粉微粒，那么星系普遍地彼此退行互相远离的图景也许就比较容易想象了（图66）。

图66　目前观测到的宇宙仿佛处在一种宏伟的膨胀之中。（甲）沾满了粉粒的气球在膨胀；（乙）所有的星系都在彼此分开；（丙）从银河系看其他星系都在彼此四散远离；（丁）从另一个星系A处看，仍然是其他星系都在彼此四散远离

可是，如果我们目前观测到的宇宙果真正在膨胀的话，那么这种超级膨胀又是从什么时候开始的呢？造成这种膨胀的原因何在呢？专门研究这些问题的一门学科，叫作"宇宙学"，也叫"宇宙论"。它的依据是丰富多彩而层出不穷的天文观测事实，它的工

具是一些深奥的物理理论和复杂的数学方程，同时它又是兴味盎然的。

对于这些问题，不同的人有不同的回答。例如，我们不妨想象，既然星系都在彼此四散分离，那么回溯过去，它们必然就比较靠近。如果回溯得极为古远，那么所有的星系就会紧紧地挤在一起。人们自然会想：宇宙也许正是从那时开始膨胀而来，也许那就是我们这个宇宙的开端吧？

首先这样描绘宇宙开端的是比利时天文学家勒梅特（Georges Henri Joseph Édouard Lemaître，1894—1966）。此人的职业生涯很特别，1914年第一次世界大战爆发时他是一名土木工程师，在军队服役时是炮兵军官，后来又于1922年被委任为神父。1927年勒梅特在美国麻省理工学院获得博士学位，然后回比利时长期担任卢万大学天体物理学教授。他去世时，是罗马教皇科学院院长。勒梅特于1932年提出，现在观测到的宇宙是由一个密度极大、体积极小、温度极高的"原初原子"膨胀而来的。包含了宇宙中全部物质的那个原初原子常被谑称为"宇宙蛋"。它很不稳定，在一场无与伦比的爆炸中炸成无数碎片。这些碎片后来形成无数的星系，至今仍在继续向四面八方飞散开去。

故事讲到这里，接下来就轮到比勒梅特年轻10岁的美国俄裔物理学家伽莫夫（George Gamow，1904—1968，图67）登场了。伽莫夫出生于俄国，13岁生日那天父亲送给他一架小望远

图67　大爆炸宇宙论的主要奠基者、美国俄裔物理学家伽莫夫的一幅肖像照

镜，使他对天文学产生了兴趣。1934年他到美国定居后，曾长期在乔治·华盛顿大学执教。1948年，伽莫夫和他的合作者继承并发展了勒梅特的想法，从理论上计算了宇宙早期那次爆炸的温度，计算了应该有多少能量转化成各种基本粒子，进而又怎样变成了各种原子等。他们的这一理论，就是著名的"大爆炸宇宙论"。几十年来，大爆炸宇宙论因为成功地解释了众多的天文观测事实，而成为当代最有影响的宇宙学理论。

例如，大爆炸宇宙论推断，宇宙早期温度极高的热辐射在经历了多少亿年的冷却之后，如今应该已经降低到了区区几开（相当于约−270℃），应该可以用射电望远镜在微波波段探测到它的遗迹。1964年，美国贝尔电话实验室的两位无线电工程师彭齐亚斯（Arno Allan Penzias, 1933—   ）和威尔逊（Robert Woodrow Wilson, 1936—   ）研制了一台新的天线，目的是查明干扰通信的天空噪声来源。这台天线自身的噪声很低，方向性又很强，因而很适合用于射电天文学观测。彭齐亚斯和威尔逊在波长7.35厘米的微波波段进行测量，结果发现在扣除所有已知的噪声来源（例如地球大气、地面辐射、仪器本身的因素等）之后，总还是存在着某种来源不明的残余微波噪声。这种微波噪声不随昼夜和季节而变化，而且在天空的各个方向上强度都相同。最后，彭齐亚斯和威尔逊终于确定：这种来历不明的"多余噪声"，正是大爆炸宇宙论预言应该存在的宇宙微波背景辐射。宇宙微波背景辐射的发现，使大爆炸宇宙论得到了普遍公认，彭齐亚斯和威尔逊也因此而荣获1978年的诺贝尔物理学奖。

宇宙大爆炸究竟发生于何时？目前的最佳估值是138亿年前。宇宙学家们曾经很自然地认为，既然大爆炸的原初推动力已经消失，那么宇宙膨胀的速率就应该逐渐放慢。但出乎人们意料的是，目前宇宙实际上竟然在加速膨胀！发现宇宙加速膨胀的最初线索来自超新星。超新星有Ⅰ型和Ⅱ型两大类。根据光谱特征的不同，Ⅰ型超新星又可细分为几个子类。对于测定距离而言特别重要的是：所有Ⅰa型超新星爆发的极大光度都近乎相同，它仿佛是一种超级的标准烛光，只要将一颗Ⅰa型超新星的极大光度与相应的视亮度与其光度做一比较，就很容易推算出它的距离。1998年，美国的两个研究小组各自独立地通过搜索遥远星系中的Ⅰa型超新星，发现它们要比人们原先认为的更加遥远，这正好表明如今宇宙的膨胀比早先更快了。究竟是什么力量促使所有的星系彼此加速远离？这种与引力相对抗的力量究竟是什么？科学家们目前虽然对此一无所知，但还是先给它起了个名字，即"暗能量"。

上述两个研究小组之一，由美国物理学家索尔·珀尔马特（Saul Perlmutter，1959—　）领导，另一个小组以澳大利亚天文学家布赖恩·施密特（Brian Schmidt，1967—　）和美国天文学家亚当·盖伊·里斯（Adam Guy Riess，1969—　）为主。在他们发现宇宙加速膨胀之后，其他天文学家也另辟途径证实了这一发现。迄今为止，人们对暗能量的本质依然所知极微。揭晓暗能量之谜，是21世纪天文学和物理学的一件头等大事。珀尔马特、施密特和里斯因为发现宇宙正在加速膨胀，从而共同荣获了2011年的诺贝尔物理学奖。

大爆炸理论还有一些尚待解决的问题，这里就不进一步展开了。至于伽莫夫其人，倒应该再补充几句：他不仅是大爆炸宇宙论的主要奠基人，而且在一个完全不同的领域——生物化学中，又于1954年提出，核酸对于酶的形成起着某种"遗传密码"的作用，并率先提出此种"遗传密码"由核苷酸三联体组成。虽然后来查明他的理论细节有误，但他首创的这种观念总体上仍是正确的。与此同时，除了第一流的科研工作外，伽莫夫还是一位独具魅力的科普大家。他那些脍炙人口的科普作品，被译成了世界上的多种文字，包括中文版的《物理世界奇遇记》《从一到无穷大》等。

　　好吧，本书介绍测量天体距离的种种方法，至此大体上就告一段落了。

尾　声

类星体之谜

为了测天，人类巧铸了各式各样的"量天尺"。凭着它们，天文学家已经量出近到月球远至星系和星系团的各式各样天体的距离：从几十万千米直至几十亿光年，它们的远近相差达 100 000 000 000 000 000 倍以上。然而，在茫茫太空之中还有那么一些显赫的天体，它们的距离曾经令多少天文学家迷惑莫解。为此，我们得先从太空深处众多的"电台"——射电源——谈起，它们每时每刻都在发射大量的无线电波。

早在20世纪40年代后期，英国天文学家马丁·赖尔（Martin Ryle，1918—1984）就领导剑桥大学的射电天文小组，测定了50个射电源的位置，并于1950年刊布了《剑桥第一射电源表》，简称1C星表。1955年他们又发表了《剑桥第二射电源表》，简称2C星表。更著名的是1959年发布的《剑桥第三射电源表》，即3C星表，许多重要的射电源就是以它们在3C表中的序号命名的，例如3C48、3C273等。在日后的岁月中，又伴随着观测设备的不断更新和发展，先后诞生了4C、5C……甚至10C星表。

　　许许多多射电源，都是直接用射电望远镜在天空中搜寻到的。它们究竟是些什么样的天体？倘若用光学望远镜进行观测，能不能进一步看清楚它们的真面目？从20世纪50年代末开始，天文学家们想要揭开这层神秘面纱的愿望变得越来越迫切了。

　　通常这些射电源都十分庞大，例如，它们可以是遥远的星系。然而在1960年，美国天文学家桑德奇和加拿大天文学家马修斯（Thomas Arnold Matthews，1927—　　）首次发现了情况并非完全如此。他们用当时世界上最大的光学天文望远镜——美国帕洛玛山天文台口径5.08米的大型反射望远镜（图68），仔细搜索一些小得异乎寻常的射电源，第一次在照相底片上找到一个位置恰好与射电源3C48完全吻合的恒星状天体。1962年，英国天文学家哈泽德（Cyril Hazard，1928—　　）又识别出射电源3C273的位置与一个视星等为13等的恒星状天体密切吻合。几年之内，人们发现了好些这样的天体，奇怪的是它们的光谱都很特别，其中的光谱线早先在任何恒星光谱中都从未见过。

　　1963年，旅美荷兰天文学家马丁·施密特（Maarten

图68　美国帕洛玛山天文台口径5.08米的大型反射望远镜

Schmidt，1929—   ）也用帕洛玛山的5.08米反射望远镜拍摄3C273的光谱，并成功地辨认出其中那些奇怪的光谱线其实就是氢原子产生的谱线，但是它们的红移量大得出奇，达到了0.158。3C48也与3C273相似，而它的光谱线红移量更大，达到了0.367。巨大的红移量使得原本处于光谱紫端的那些谱线竟然移到了光谱的绿区、黄区、红区甚至红外区，人们起初不明究竟，自然觉得好奇费解，是施密特的发现解开了困扰国际天文学界3年之久的这个谜团。

1965年，桑德奇又发现有些天体并不发射无线电波，但它们的光谱线也有同样巨大的红移。最后，人们将这两种（即发射或不发射无线电波的）似星非星的天体统称为"类星体"。类星体是前所未知的一类全新的天体，也是20世纪60年代最重大的天文发现之一。到20世纪末，天文学家发现的类星体已经数以万计。

类星体的巨大红移，是天文学中最惑人的疑谜之一。如果认为这种巨大红移的起因是多普勒效应，那么就可以推算出类星体的退行速度高达几万千米每秒。例如，根据类星体3C273的红移量0.158，可推算出其退行速度达47 000千米/秒，再由哈勃定律又可推断它距离我们几乎远达20亿光年。再如，一个红移量为5.0的类星体，其相应的退行速度超过光速的9/10，即超过270 000千米/秒，根据哈勃定律可知，它同我们的距离超过了100亿光年。

然而，类星体果真如此遥远吗？

对这个问题的回答，并不像乍一看那么容易。你看，如果将太阳那样的普通恒星移到320 000光年那么远，它的视星等便降到24等，因而很难被我们发现了；如果将仙女星系M31这么巨大的旋涡星系移到20亿光年的距离上，那么它就会暗到20.5等，这要比3C273的视亮度暗上1000倍；而如果将M31移到100亿光年处，我们就难以再用望远镜找到它。然而，类星体在那么遥远的地方，仍然亮得足以让天文学家把它们的光谱拍摄下来。由此可见，一个普通的类星体所辐射的光能量甚至比一个巨大的星系还要多。可是另一方面，类星体又是那么小，以至于看上去仿佛只是一个恒星似的光点。有什么方法能够在那么小的体积中产生那么多的能量呢？

于是，有人开始质疑了：类星体究竟是不是那么远不可及？

倘若类星体实际上并不那么遥远，而是在我们银河系之内的话，那么按其视亮度推算，它的发光能力就与寻常的恒星相差不远了。假如这样的话，那么类星体的巨大红移就不一定是巨大的退行速度造成的了。然而，如此一来，又有什么原因能造成如此巨大的红移呢？这又是一个新难题。

本书的目的并不是详细地探讨类星体的奥秘，但是类星体的"红移-距离之谜"表明，只有深入地弄清它们有多远，才能更深刻地认清它们的本质。如今，多数天文学家都已认同，类星体不是恒星，而是星系一级的天体。在类星体的中央，存在着一个超大质量的黑洞——其质量相当于10亿个太阳的总和！当四周的物质因受到这个黑洞的巨大引力而沿着螺旋状的轨迹向它下落时，就会释放出极其可观的巨额能量，这便是类星体神秘的能源之所在。

大自然的景色丰富多彩，宇宙中的奥秘无穷无尽。它们披戴的神奇面纱，正期待着人类以无尽的智慧去逐一揭开。人们已经多次向茫茫太空派出自己的"使者"。在飞出地球、探测月球和各大行星之后，接着便是飞出太阳系了。

飞出太阳系

相传至迟在1608年，荷兰眼镜匠利帕希（Hans Lippershey，1570—1619）有个学徒趁师傅不在，拿了两块透镜一前一后叠置在眼前聊以自娱，却意外地发现远处教堂上的风标竟然变得又大又近了。当他将自己的发现告诉师傅时，一点也没有因为工作懈怠而挨骂。因为利帕希立刻明白了这个发现非同小可。他将透镜装入金属管内使之便于握持，然后将其奉呈政府用于军事。当时，荷兰正在抵抗强敌西班牙的侵略，望远镜使荷兰海军能够在西班牙舰队发现他们之前先看见对方，从而处于优势地位并赢得了最后胜利。

望远镜为人类认识宇宙立下的功勋，远远超出了将它用于战争。我们已经从测量天体距离这个侧面看到了这一点。然而，也像打仗一样，假如能派出自己的侦察英雄深入敌人的心脏，那么他就能获得无论用多大的望远镜也看不到的详情细节。确实，人类已经将许多优秀的侦察员派往茫茫太空，它们便是众多的宇宙飞船。

人类已经登上了月球（图69）。迄今为止，共有12名美国宇航员在距离地球384 400千米的月球上安放科学仪器，进行科学考察，取回月岩样品，从而获得了大量有关月球的全新消息。随着21世纪的来临，一些国家相继投入新一轮的探月活动。中国也在

2004年开始实施自己的探月计划——"嫦娥工程"。2007年10月24日，"嫦娥一号"无人探月卫星发射成功，它利用所搭载的科学仪器在绕月轨道上对月球进行多方位的探测，获得了大量宝贵的科学数据。2010年"嫦娥二号"成功探

图69　1969年7月21日人类在月球上踩下的第一个脚印

月，因为更新了探测设备并降低了绕月飞行的轨道高度，所以它的探测精度较前又有了提高。2013年12月，"嫦娥三号"在月球表面软着陆，并携带了一辆可在月面上行驶的"玉兔号"月球车。"嫦娥三号"创造了月球探测器在月球上工作时间最长的世界纪录，并且拍摄了人类获得的最清晰的月面照片，它获得的大量科学数据，面向全球科学家开放共享。"嫦娥四号"登月探测器原本是"嫦娥三号"的备份星——仿佛是一名候补队员，但因"嫦娥三号"已圆满完成任务，"嫦娥四号"便可另作他用。2019年1月3日，"嫦娥四号"在人类历史上首次登陆月球背面，登陆地点是月球南极附近艾特肯盆地的预选着陆区，它携带的"玉兔二号"月球车开始在月面上巡视探测。"嫦娥五号"是中国首个无人的月面取样返回探测器，于2020年11月24日发射升空。它在月球上采集了近2千克岩石和土壤样品，于12月17日安全送回地球。在未来的岁月里，中华儿女还将亲临月球，完成预定的工作并安全返回地球家园。

除月球外，人类还没有踏上过地球以外的其他星球。不过，无人驾驶的宇宙飞船同样是人类派往茫茫太空的忠实信使。早在20世纪70年代，美国的一系列"水手号"和"海盗号"飞船已经分别访问了水星、金星和火星。21世纪伊始，各国的新一轮火星探测又取得了许多崭新的成果。看来，人类很有希望在2030年前后亲自登上火星。中国的火星探测也正在积极酝酿之中。

1972年3月，美国国家航空航天局发射了第一个木星探测器"先驱者10号"，1973年4月又发射了第二个木星探测器"先驱者11号"（图70）。在此后的岁月中，它们都出色地完成了考察木星的任务，继续远走高飞。1980年，"先驱者10号"距离太阳已经和天王星一样远。大约在80 000年以后，这艘飞船将会飞到距离太阳1秒差距的地方。"先驱者11号"于1979年9月初与土星会合，后来也像

图70 外形和结构完全相同的"先驱者10号"和"先驱者11号"探测器,有一个未发射升空的备份"先驱者H号",陈列在美国首都华盛顿的国家航空和航天博物馆中

"先驱者10号"那样飞离了太阳系。

这两位星际旅行的"先驱者",各带着一块同样的金属饰板。板上画有如图71那样的图案。它表明"先驱者"是从哪儿出发的,也画出了地球上最高等生命的形象:一个男人和一个女人。这两个人的背景是"先驱者"飞船本身的外形轮廓,它清楚地表明人的高度大约是飞船宽度的2/3。飞船带上这么一块金属饰板,是为了有朝一日当它

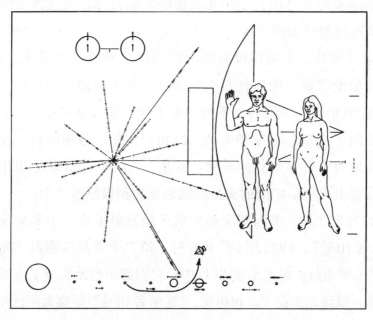

图71 "先驱者11号"携带的金属饰板。左下角的大圆圈代表太阳,旁边一排小圆圈代表各个行星,其中第三个是地球,从地球出发的那个弯曲箭头表明,"先驱者号"探测木星以后将继续向远方飞去

遇上"宇宙人"——别的星球上的高级生命——的时候，好让那些聪明的生物知道这艘飞船的来历，并且让他们知道：茫茫太空中还有一个一直在想念他们的文明种族，这便是人。

科学家们为了探索宇宙的奥秘、研究天体与生命的起源和演化，才不惜耗费巨额的人力、财力和物力，千方百计地去与迄今不知在何方的"宇宙人"取得联系。就像平时交朋友一样，地球人首先借助于上述金属饰板——它们宛如"地球的名片"，向那些"远方的朋友"做自我介绍。

追随着"先驱者"的足迹，1977年又有"旅行者1号"和"旅行者2号"两艘宇宙飞船上了天。它们也是美国国家航空航天局发射的。这两艘飞船的结构和所带的仪器完全相同，就好像一对孪生兄弟。它们的"体重"都是825千克。由于"旅行者1号"出发前有了故障，因此只好让"旅行者2号"于当年8月20日先发射，"旅行者1号"推迟到9月5日再出发。它们沿着互不相同的轨道前行，结果在1979年3月5日，后出发的"旅行者1号"反而先飞越木星，同年7月9日"旅行者2号"也如期抵达，它们对木星的考察成果较"先驱者"更为丰富（图72）。1980年11月，"旅行者1号"飞越土星并对它进行考察研究。"旅行者2号"则于1981年8月飞越土星，1986年1月30日飞越天王星，1989年越过海王星而继续飞离太阳系。必须经过

图72 "旅行者号"探测器飞临木星

几十万年，这些"旅行者"才有希望遇上另一颗恒星。

"旅行者"也带有人类献给自己的太空朋友"宇宙人"的高贵礼品——一套直径30.5厘米的"地球之音"镀金铜质唱片，其内容是由一些著名的科学家、音乐家和教育家精心收集的，录制了有关人类起源和发展的各种信息。

"地球之音"共包含115张照片和图表，其中有一幅是我国八达岭的长城雄姿，另一幅是中国人的午餐场景；35种既生动又形象的自然音响，其中有风雨雷鸣和海浪拍岸，有鸟语兽吼和人笑婴啼；55种语言的问候语，其中包括英语、德语、法语、日语、俄语，还有我国南方的3种方言：粤语、吴语和闽语；27种世界名曲，主要是古典的和世界上各少数民族的乐曲，其中不仅有贝多芬、巴赫等大师的杰作，而且有用中国古琴演奏的古曲《流水》。此外，还有用科学语言说明如何使用"地球之音"的唱片，以便先进的"宇宙人"能将模拟形式的电子信号转变成照片、图表和印刷符号（文字）。每张唱片装入一个铝制保护罩，它可以在太空中保存10亿年。

"地球之音"响彻太空，它能否遇上"知音"却颇成问题。而且，只有当它遇上与人类相当，甚至比人类更先进的智慧生命时，这一切才不致成为"对牛弹琴"。"地球之音"还备有当时的联合国秘书长瓦尔德海姆亲自口述的贺电和时任美国总统卡特亲签的电文，他们都向"宇宙人"表达良好的祝愿。这一切，都表明人们对地外文明抱有强烈的希望和兴趣。尽管这些努力在短时期内看来很难取得什么实际效果，但它毕竟是从我们的摇篮——地球（或者说太阳系）迈出的第一步。人类应该为自己战胜太阳的巨大引力而自豪。何况"先驱者"和"旅行者"对木星、土星、天王星、海王星的探测也确实卓有成效。它们毕竟已经使我们对自己这个行星系统的了解猛增了上千倍。

结束语

远远的街灯明了，

好像是闪着无数的明星。

天上的明星现了，

好像是点着无数的街灯。

……

　　星星的世界广阔无垠。古人对此不甚了解，才会想象牛郎织女一年一度的"鹊桥相会"。如今看来，"天河横渡"真是谈何容易。

　　牛郎织女两星相距16光年，现代的高速飞机（每秒钟飞1千米）要5 000 000年才能飞到；打个电报，电波来回一趟也得32年。同情牛郎织女不幸遭遇的唐代诗人王湾，在其五言绝句《闰月七日织女》中写下了这样的感人诗句："耿耿曙河微，神仙此夜稀。今年七月闰，应得两回归。"然而，这只是他的好心罢了，耿耿天河何能一年两渡呢？

　　也许有人要因此而悲观了：看来人类永远没法飞向遥远的星球啦。您想，即使乘上像光一样快的飞船飞往并不算太远的天津四，那也得飞上1600年，谁能在这样的旅行中活着到达终点呢？

但是话说回来，20世纪最伟大的物理学家爱因斯坦（Albert Einstein，1879—1955）创立的"狭义相对论"告诉我们，如果物体的运动速度极快，那么由静止或慢速运动的观察者看来，就会发现它的时间进程变得缓慢了。如果飞船的前进速度快到与光速只相差1/1000，即达到299 493千米/秒的话，那么当地球上的新生婴儿变成百岁老人时，飞船中的人才老了四岁半。当这艘飞船到达天津四时，其中的旅客也只是增加了72岁，将来的人很长寿，72岁又算得了什么呢？

由于同样的原因，假如有一对双生子，一个称为哥哥，一个叫作弟弟。弟弟一直生活在地球上，哥哥却当上了宇宙飞行员，登上超高速飞船到太空去旅行了。哥哥拜访了牛郎，问候了织女，重返地球时他依然是个朝气蓬勃的青年；到宇宙飞船门口迎接他凯旋的弟弟却早已成了年逾古稀的老者。你看，这是多么有趣的场面啊。

我们还应该站在宇宙飞船中旅客的立场来看一下，为什么在自己短短的一生中竟能飞到远在1600光年之外的天津四呢？

事情原来是这样：当他乘着这艘超高速飞船旅行时，便发现从地球到天津四的距离竟然"缩短"了——它已经变得只有71.5光年了，宇宙旅客的飞行速度是0.999c（c是光速），于是他在72年之内到达了这个目的地。

这便是"狭义相对论"中著名的"尺缩钟慢"效应。读了这几行字，有人也许会产生比它多出100倍的疑问。那么，您不妨再去读一点有关相对论的书籍，那可是一个趣味无穷的新天地呢。

在这本小册子中，我们并没有讲尽测量天体距离的一切方法。例如，还有利用"移动星团"成员星的运动情况求"星群视差"，由双星的"轨道要素"求它们的"力学视差"，运用统计方法求一群具有共同特征的恒星的"平均视差",如此等等。然而,我们已经筑成直通迄今所知最远天体的"距离阶梯",也回答了"星星离我们有多远"这个问题。于是,这个未讲完的故事也可以告一段落了。

人类已经把自己的目光投向远达100多亿光年的太空深处。在这个范围以外的情况,目前我们并不很清楚。然而,人类的认识能力是无穷的。飞向太空的道路崎岖不平、艰难曲折,征服宇宙的前景却又广阔无边,美不胜言。

人类的视野正在继续扩大着,而且它还将不断地扩大、扩大、再扩大……

附录一
评《星星离我们多远》[①]

王绶琯

进入现代科学的天文学，是从测量天体的距离发端的，同样大的目标放得近就显得大，放得远就显得小；同样亮的目标放得近就显得亮，放得远就显得暗。所以不论是用眼睛还是用望远镜观测天体，如果不知道天体的距离，所看到的只能是它们的表观现象而不是实质。例如看过去月亮和太阳就差不多一般大小，它们的本质却是相差很远的。

天体的距离是如此之大，除了太阳系内几个有限的目标可以用直接测量（我们在这里把雷达和激光测距也看作直接测量）的方法定出距离外，其余的都必须借助于某些物理模型和推理。这样，从"近"处的太阳和行星，到以光年或万光年计的恒星和银河系中的其他天体，再到以百万光年甚至百亿光年计的河外天体，

---

① 原载《科普创作》1988年第3期，文前有"编者的话"，现照录如下：

[编者的话] 王绶琯同志是中国科学院学部委员（今中国科学院院士）、北京天文台台长，他在射电天文学方面是一位闻名世界的科学家，工作当然很忙，可是他十分重视科普工作，尤其是积极鼓励年轻人从事科普写作，不仅如此，在百忙中他还抽出时间来亲自动笔撰写评论文章，赞许晚辈的写作成就，这就更加难能可贵了。王绶琯同志一面向广大读者介绍这本书的内容，为什么要用这个书名——《星星离我们多远》，一面评述作者的写作思路和方法，它的优点在哪里。我们欢迎老科学家多多出面给年轻人鼓气，让更多的年轻人参加科普创作的队伍；还要请老科学家多多动笔给年轻人的作品写评论。

需要有各种不同的"量天尺"来估计它们的距离。这不但涉及通常在计量工作上需要考究的测量精度、定标等等，还必须涉及基于目前我们对天体的理解而采用的各类物理模型，如变星的"周光关系"，星系的"红移"规律，等等。

把这一切串起来看，是由近到远，不同层次上的一把把"量天尺"的设置与接力，每把"量天尺"的设置都涉及当代天文学上既基本又尖端的问题。因此既要把每一部分各不相同的问题介绍清楚，又要能贯穿起来做到全局脉络分明，不能不说也是科普工作中的一个"既基本又尖端的问题"。

《星星离我们多远》这本小册子成功地处理了这个问题。作者用陈述故事的方式把历代天文学家创造"量天尺"的过程放到科学原理的叙述中，这样既介绍了科学知识，又饶有兴味地衬托出历史人物和背景。

作者在第三章中叙述了用三角法测量月亮（以及其他合适的天文目标）的距离，作图说明，清楚易懂，拉卡伊等的故事也用得很好。

第四章颇难写好。作者用几页篇幅介绍了开普勒和开普勒定律，很生动。最后通过易懂的数学式与表介绍了开普勒第三定律，为后面的说明开了路。作者地心视差表达也很有条理，这些使得这一章读起来节节深入、问题易懂。金星凌日是一个重要的方法，但需要转一个弯，似乎可以再用一些笔墨。

第六章说明恒星视差和光行差，这较易表达。作者借助于贝塞尔测量天鹅61的过程指出选择较近的恒星以验证三角视差法的诀窍，然后介绍了三角视差方法及其限度，这也是富有启发意义的。

用测量恒星亮度的方法测量更远的恒星距离是对三角视差法的很自然的接力。这需要对各类恒星建立"标准烛光"。作者在第七章中介绍了用恒星分光光谱定"标准烛光"的方法。这也是一般比较不易说清楚的部分。作者先介绍了星等和绝对星等的概念，接着说明了恒星光谱型和星等的关系，然后说明用分光视差法的可行性和局限性，铺叙上深入浅出，逻辑分明。

这种用恒星作"标准烛光"的方法只能使用到现有望远镜测得出光谱的恒星。对更远的恒星则无能为力。一个偶然但是非常精彩的发现使人们认识到某些变星有着光度与变光周期的一一对应关系，因此可以用它们的变光周期来作为"标准烛光"。这样只需要测量变星的亮度，而不需要难测得多的光谱，可以比分光视差方法测得更远。作者在第九章里生动地介绍了这种更长的"量天尺"。

比变星更亮的"标准烛光"是一些亮星，特别是一些特殊的极高光度的新星和超新星，它们可以作为更长的"量天尺"，但是精度差一些。

再长的"量天尺"只能由多个恒星组成的星团和星系来担任。这里再次涉及"接力"问题，以及以相应天体本身的分类定出"标准烛光"的问题。这是粗糙的但可以"量"得更远的方法。又一个偶然而精彩的发现是星系的"红移"规律。把它应用到星系和类星体，可允许量到目前观测所能及的遥远宇宙范围。这些方法的原理、作用和困难，作者在第十、十一章中渐次做了系统的介绍。

综上所述，全书介绍了从近处的月亮到极远处的类星体的距离的量、估，包含了大量的天文知识和历史知识。作品立意清新，铺叙合理，文笔流畅，是近年来天文科普中一本值得向广大读者推荐的佳作。

附录二
知识筑成了通向遥远距离的阶梯

——读《星星离我们多远》[①]

刘金沂

光速每秒为30万公里，连《西游记》中的孙大圣也望尘莫及！然而星星之间的距离就是光子也要叫远不迭。使用光在一年内所走的路程——光年为尺子来测量星星间的距离，我们现在所知道的最遥远的星系离我们达一百多亿光年！许多人会问，这么遥远的距离是怎样测量出来的，天文学家到底有什么神通能测出这样远的距离？他们的科学根据何在？这些问题并非三言两语可以讲清的。1980年底，科学普及出版社出版了《星星离我们多远》一书，系统全面地解答了这些问题。该书语言生动、深入浅出、条理清晰、趣味盎然，是近年来天文科普作品中的佳作。

天文学是一门奥妙无穷，令人神往的学科。它的研究目标绝大部分是遥远的天体，它们看得见，摸不着，有的甚至只能通过巨型望远镜，用照相方法经过很长的曝光时间才能在底片上留下点点影像。天文学家面对着这些对象，要测量它们的距离非得有

---

① 这是刘金沂先生写于20世纪80年代的一篇评介本书的文章，原载《天文爱好者》1983年第1期。刘金沂，男，1942年生，1964年毕业于南京大学天文学系。在中国科学院自然科学史研究所工作多年，是一位有影响的天文史家，也是一位充满激情的科普作家。1987年春节期间，因肝癌久治无效逝世，年仅45岁。

特殊的手段和方法不可，这正是天文科学的特点之一。本书首先抓住了天文学的这一特点把读者引到了宇宙深处。

接着，作者以洗练的笔墨叙述了测量天体距离的各种方法。这是一张时间的进程表，也是一张知识积累的进程表。从人们在地面上经常做的开始：要测量烟囱的高度，测量河流的宽度，无须爬高，无须渡河，只要在两个不同地点观测，通过适当计算就能求得。这就是利用视差的原理测距离。最初测量天体距离的方法就是三角视差法。天文学家用三角视差法测得了第一批天体的距离，它们都不超过300光年远，再远就无能为力了。于是，"接力棒"传给了分光视差法——利用恒星的光谱差别求距离，使测距达到30万光年左右。又因为远星太暗无法得到光谱，分光法失去威力。造父变星的周光关系接替了分光视差法，可以求得远达1500万光年之遥的星系距离。对于更遥远的星系，因找不到造父变星又使测距处于困境。此时新星和超新星以其突发的巨大光度给天文学家送来了佳音，测量距离的尺子又向宇宙深处延伸了，利用超新星使可测距离达到50亿光年左右。然而超新星的光度还是"敌"不过距离的增大，对那些深空中的星系已无法辨认其个别恒星，连超新星也不可单独分离出来，而且不是所有的星系都能在短时期内找到超新星。这时只有靠星系的视大小和累积星等来判知距离了。后来，正当天文学家面对无涯的宇宙束手无策的时候，柳暗花明，星系的普遍红移又送来了一把巨尺，测距范围扩展到100亿光年的地方。

作者从丰富的资料中恰当裁剪，使全书贯穿着这一主线，由浅入深，由近及远，层层推开。不时伴有天文学家的趣闻逸事、发明史话，关键处常有构思巧妙的插图阐明文意，把读者带进了天文学家探索宇宙空间的艰巨行程之中，困难时为之焦虑，胜利时为之欢乐，有时又不禁为科学家的巧妙方法叫绝。读完这本书，会使你感到，天文学家凭着不懈的努力，借助天体送来的微弱光芒，征服了百亿光年的巨大空间，真是比在一根头发丝上雕刻出雄壮场面的画卷有过之而无不及。然而他们毕竟胜利了，这是人类无穷智慧的象征。

这既是一本向你介绍知识的书，也是一本启迪思维的书。作者在叙述每种测距方法的时候，既不是平铺直叙，也不是只讲结果，而是伴之以发展过程，显示出天文学家解决问题时的思路，这种"与其告诉结果，不如告诉方法"的手法会使读者受益更多。最后作者还将类星体的距离之谜展现在读者面前，这是一个尚未解决的问题，给读者留下了思考的余地。

星星的距离极其遥远，人们探索天体距离的努力连续几千年，要在一本小书里描写这一切是不容易的事。作者用通俗流畅的语言、浅显易懂的比喻讲清了许多常人没有接触过的概念，还用两段间奏巧妙地将不连续的片段衔接起来，使全书浑然一体。书末，作者稍稍离开主题，以宇宙航行和希求跟"宇宙人"建立联系的努力丰富了读者的想象，把人们带到了拜访牛郎、问候织女，归来仍年轻的奇妙境界。

读完全书，掩卷回味，古往今来人们仰望天空，繁星点点、耿耿天河，天阶夜色、秋夕迷人，多少人为之陶醉，多少人赋诗抒怀。《星星离我们多远》一书却为我们展示了天文学家如何兢兢业业，利用各种巧妙方法测量天体距离的历程。我国著名天文学家、紫金山天文台台长张钰哲先生说，这是近年来写得很好的一本书。

附录三
有道是慧眼识真金

——赞语文教育家向中学生推荐《星星离我们有多远》①
吴鑫基

天文学在我国中小学课程设置中仍是缺门。多少年来，几代天文学家一直呼吁要改变这种状况，卞毓麟也是其中积极的一员。他曾多次表示："哪怕在小学和中学12年的教育体系中，只开设一个学期、每周只上一节天文课，我们也能用通俗生动的语言，让孩子们了解宇宙的奥秘。"

卞毓麟的著作《星星离我们有多远》入选教育部统编八年级《语文》教材指定阅读书籍之后，我又仔细重读了一遍，深感它确是一件天文科普精品。对于中学生来说，这本书能够帮助他们建立正确的宇宙观和科学史观，能够扩展课堂上学的数理知识，把他们带进一个天文知识宝库。对于中学生来说，科普读物特别需要语言规范、知识准确，还要使他们喜欢读、读得懂。所有这些，《星星离我们有多远》都做到了。语文教育家们向全国中学生推荐《星星离我们有多远》，可真是慧眼识真金啊！

---

① 摘自上海市科普作家协会主编《挚爱与使命：卞毓麟科普作品评论文集》（上海科技教育出版社，2019年6月）一书中吴鑫基文章《同行同好看门道》之第二部分《作品与中小学天文教育》，此处文字略有改动，标题系新增，皆已获原作者认可。吴鑫基，男，1935年生，北京大学天文学系资深教授、博士生导师，中国科学院上海天文台、新疆天文台客座教授，国际著名脉冲星研究专家。

在生活中，谁都会遇到"距离"的问题。因此，以远近为题的书名对任何人都会有一种亲切感。中学的物理、数学、地理等课程中也都有关于距离的内容。由于星星离我们极其遥远，测距异常困难，这就成了天文学家不断探索、不断犯错、不断改进的研究课题。每当测量星星距离的方法前进一步，都会推动天文学新的重大进展。本书对测量星星距离的方法说得清清楚楚，非常严格。特别是精心设计的一系列原理示意图，对中学生来说，联想起课堂上学习的有关数学知识，很容易明白其中的道理。对于测量距离至关重要的开普勒行星运动第三定律和哈勃定律，书中还给出了很简洁的公式和解释，以供学生理解和思考。对天文学距离测量所遇到的困难、当时的天文观测水平和相关天文研究课题的意义等，书中都做了充分的介绍，可以说下足了功夫。读这本书，仿佛上了一门以"测量天体距离"为线索的生动而又严谨的天文学史课程。

这部介绍测量星星距离的历史长卷，从公元前240年古埃及天文学家测定地球的大小开始，到2011年三位天文学家利用 Ia 型超新星作为"量天尺"，获知宇宙的加速膨胀而荣获诺贝尔物理学奖，覆盖了2500年天文学的发展历程。与此同时，书中还比较详细地介绍了2500年中天文学的特大标志性事件。如"地心说"和"日心说"之争与太阳系的发现，赫歇尔发现银河系以及卡普坦、沙普利的继续深究，哈勃查明旋涡星云的本质和发现哈勃定律，伽莫夫的宇宙大爆炸模型及其天文观测支持，遥远的超新星和类星体等。测定天体距离的节节胜利，使人类看清了相对于银河系而言，太阳系只是九牛之一毛，相对于由星系和星系团构成的宇宙，银河系又仅仅是沧海之一粟。如此丰富的里程碑式的天文学重大成就，都用讲述历史故事的方式娓娓道来，确实非常引人入胜。

我国天文学界素有良好的科学普及传统。已故紫金山天文台前台长张钰哲、上海天文台前台长李珩、南京大学天文学系前主任戴文赛，以及现已96岁高龄的中国科学院国家天文台前台长王绶琯等老一辈的泰斗级人物，都很重视天文科普，写下了许多优秀的科普作品。他们重视科普的传统，在天文界有不少追随者，卞毓麟正是其中的佼佼者。而且，他的作品还不时令人有青出于蓝之感，这是很值得细细体味的……

下篇
阅读与科学

阅读与科学

——在"国图公开课首期特别活动"上的演讲

图73　本书作者为"国图公开课首期特别活动"做第一场公开讲演《阅读与科学》
（2015年4月23日）

2015年4月23日下午2时，"4·23世界读书日国家图书馆全民
阅读推广活动"在国图讲演厅隆重举行，由中央电视台著名主持

人郎永淳主持。整个活动包含两部分，先是第一部分"国图公开课首期特别活动"，然后是第二部分"第十届文津图书奖颁奖礼"。

"国图公开课"是国家图书馆借助"互联网＋"的新模式推出的社会教育新服务。这次"4·23活动"的第一部分"国图公开课首期特别活动"，首先是邀请领导嘉宾共同开启"国图公开课"，然后是两场各15分钟的公开讲演。我应邀做第一场演讲《阅读与科学》；周国平先生做第二场演讲，题为《阅读与人生》。

在活动的第二部分"第十届文津图书奖颁奖礼"中，有一个议程是介绍"文津听书"公益项目，以及历届获奖作者和出版社代表现场捐赠有声版权，我也作为5位代表之一现场捐赠了《追星》一书的有声版权。

这次"国图公开课首期特别活动"的公开讲演《阅读与科学》，后来删节成1700字，刊于5月8日的《中国科学报》第11版上，题目改为《阅读与科学——2015年世界读书日随记》。现酌情恢复部分文字，再次呈献于读者诸君。

各位爱读书的朋友们：

大家下午好！

科学很美妙，人人都能欣赏它。也像欣赏交响乐一样，欣赏科学有一个入门过程。这个过程丰富多彩，而阅读永远是特别重要的一个方面。

科学很有趣，欣赏科学的阅读是愉快的。当然，也会遇到困难。但是只要坚持，困难可以慢慢克服。欣赏科学，不必要也不可能一口吃成个大胖子。重要的是读书、读书、再读书。

4月23日是世界读书日。莎士比亚是1564年4月23日诞生，1616年4月23日逝世的，享年整整52岁。这里遇到一个科学问题：此处用的是何种历法？

　　有人说：当然是公历啦。但是：错了！实际上是儒略历。现今通行的公历，又叫格里历或新历，是教皇格里高利十三世下令颁布，从1582年10月15日开始使用的。此前欧洲基督教世界一直使用的儒略历，又称旧历，是古罗马统帅儒略·凯撒下令颁行的。英国直至1752年才改用公历，那时莎士比亚已经逝世一个多世纪。沙皇俄国直到1917年还在使用旧历，发生"十月革命"的那一天是旧历的10月25日，换算成公历那就是11月7日。

　　《堂吉诃德》的作者、西班牙大文豪塞万提斯也是1616年4月23日逝世的。那么，他正巧是和莎士比亚同一天离开人世吗？不！公历颁行后，意大利、西班牙、葡萄牙和波兰马上就采用了。因此，塞万提斯的卒日是依公历记载的，实际上他要比莎翁去世早10天。

　　有人以为，像莎翁那样生卒日期相同实属难得。其实，这又错了。这是一个简单的数学问题：发生这类事件的概率并不很小，约为1/365。但若生日是闰年的2月29日，那又另当别论了。

　　也许有人会提议，再举一个生卒日期相同的著名例子吧。好，与达·芬奇、米开朗琪罗并称意大利文艺复兴"三杰"的拉斐尔，是1483年4月6日出生，1520年4月6日逝世的。他只活了37岁。

　　1992年，又是4月6日，又一位奇迹般的人物去世了。他就是享誉全球的科普巨匠、科幻大师艾萨克·阿西莫夫，他在全世界拥有无数的"粉丝"。阿西莫夫已有108种书出了中文版，这项纪录很难打破。这些精彩的作品，一直在帮助人们欣赏科学。2012年，我曾在《科普研究》杂志上发表《阿西莫夫著作在中国》一文，简介它们的概况。在今天这个世界读书日，我愿再次推荐大家读一读他的《人生舞台——阿西莫夫自传》，书末列有其470本书的完整清单。其中一些少儿读物，写得简明扼要，篇幅不大；但也颇有一些皇皇巨著，例如著名的《阿西莫夫最新科学指南》《古今科技名人传记》都有上百万字，《阿西莫夫莎士比亚指南》篇幅也与此相仿，还有一大本《阿西莫夫圣经指南》，如此等等。它们都是全人类的共同财富。几十年来，北京图书馆和国家图书馆馆藏的英文版和中文版阿西莫夫著作，留下了我的许多借阅记录。

阿西莫夫的科普写作信条，是尽量使用直白、简洁、透明的语言，这为读者理解比较复杂的科学概念提供了莫大的便利。他说过，要写得明白甚至比写得华丽更不容易，谁如果不相信，那就请他试试看。阿西莫夫使用的词语总是那么平易近人，他的作品却总是那样地兴味盎然。我把他的这种文风称为"平淡之中见新奇"。作为一名读者，我非常欣赏阿西莫夫的作品；同时，我也是曾经在阿西莫夫家做客的唯一的中国科普作家。

上面说了好些外国人的事，现在再来谈谈中国的科普泰斗高士其。他的作品是科学性与文学性结合的典范，今年人们将会隆重纪念这位前辈科学家和作家诞生110周年。高士其原名高仕錤，是一位细菌学家。1928年他在一次实验中不幸感染脑炎病毒，导致了终身的严重残疾。

1934年，30岁的高士其说，我不要做官，所以去掉了"仕"的单人旁；我不想要钱，所以把"錤"的金字旁也去了。高士其是一位了不起的科学家、科普作家和社会活动家。他在半个世纪中以病残之躯写下了大量的科学小品、科学故事、科学童话，以及多种形式的科普文章，引导一批又一批青少年走上了科学道路。逝世后，中组部确认他为"中华民族英雄"。有关高士其感人的一生，叶永烈在《中国的霍金——高士其传》一书中有详细的介绍。近几年出版的《中国科普大奖图书典藏书系》中有一本《细菌历险记》，是高士其的重要作品选，读者尽可一睹它的风采。高士其是1988年去世的，国际天文学联合会把第3704号小行星正式命名为"高士其星"。

图74　高士其先生（左）1984年在北京医院住院期间为报刊题词撰文；（右）高士其手迹

阅读是写作的上游。我从阅读阿西莫夫、卡尔·萨根、乔治·伽莫夫、伊林、高士其等名家名著中获益良多，40年来自己也尝试创作、翻译了几百万字的作品。其中《追星——关于天文、历史、艺术与宗教的传奇》一书还在2008年荣获第四届文津图书奖，2010年荣获国家科技进步奖二等奖，2014年荣获了第五届中华优秀出版物奖。有媒体朋友问我：这本书又是天文，又是历史，又是艺术，又是宗教，您是怎么把这些东西都弄到一块儿的？我的回答是：不是我把它们弄到一块儿，而是它们本来就在一块儿，只是有人看到了，有人没看到；有人意识到了，有人没有意识到。当然，要能看得清楚，也有一个过程，那同样是读书、读书、再读书。

在《追星》的结尾，我谈及林语堂说过："最好的建筑是这样的，我们居住其中，却感觉不到自然在哪里终了，艺术在哪里开始。"我想，最好的科学人文作品，也应该令人在阅读中感觉不到科学在哪里终了，人文在哪里开始。这是对作者的要求，也是对读好书的追求。金涛先生有一本文集，叫作《林下书香——金涛书话》，选了他多年来先后发表的100篇文章，介绍或评论了100种科普和科学文化类图书，可供大家借鉴。

最后，在这个一年一度的世界读书日，我愿借"国图公开课"第一场讲演这难得的机会，真诚地祝愿诸位读到更多更精彩的好书。

谢谢大家！

我与图书馆·五十年小忆 [①]

图75 2005年11月17日在中国科学社明复图书馆旧址（今上海市陕西南路235号）举行"胡明复铜像移位揭幕仪式"

---

① 原载2006年1月5日《新华书目报》B69版《图书馆专刊》。

半个世纪前的上海，有一个人民图书馆，离我在读的初中不远。我常去阅览《西游记》《镜花缘》等古典小说，《三国演义》的大部分回目就是在那里背熟的。读到《封神演义》也像《水浒传》那样有天罡地煞共一百单八人，我想比较个究竟，就往小本本上抄。一位阿姨见我"用功"，驻足凝视，未免吃惊，遂提醒道："小朋友，千万不要着迷神怪，不能去求仙访道啊！"

　　高中时代，读遍了校图书馆收藏的凡尔纳科幻小说和别莱利曼的《趣味天文学》《趣味物理学》《趣味几何学》……那时热爱数学，经常一吃完晚饭就去上海图书馆，自学大学的数学分析和高等代数教程，直到图书馆"打烊"还不想走。后来，父亲用他的借书证替我把书借回家——中学生尚不能办外借。

　　20世纪60年代初，我就读南京大学天文系。生活清苦，没钱买书，就到校图书馆读、借、抄。在那里，我抄录了任继愈的《老子今译》、闻一多的《怎样读九歌》，乃至《白香词谱》《千家诗》《胡笳十八拍》《孙子兵法》等，有些"手抄本"一直保存到了今天。还有一次期末考试刚结束，有同学见我行色匆匆，便好奇地问我欲何往。原来，当时我们没有广义相对论这门课，我想趁放假抓紧自学，这时去校图书馆倒是不用"抢座位"啦！

　　大学毕业，分配到中国科学院北京天文台（今国家天文台）。自不待言，院、台两级图书馆为科研带来了极大的方便。也真是与书有缘，1965年刚跨入天文台的大门，适逢书库易地，我遂参加劳动一周，天天帮忙搬书；1998年离开北京天文台回归上海前，我是"天文信息组"的负责人，统管四个学术刊物编辑部、一个天文数据库，还有一个图书馆。

　　20世纪80年代后期，我在英国爱丁堡皇家天文台做访问学者，与该台图书馆员麦克唐纳先生相识相熟。麦克唐纳先生懂得7种语言文字，其中包括汉语。我试图用普通话与之交谈，才明白其所学乃粤语。1990年初我回国前，将随身携带的《英汉大词典》和《汉英词典》赠予麦克唐纳先生留念，以感谢本人利用此图书馆近两年所受到的热情帮助。爱丁堡皇家天文台图书馆藏有不少科学古籍珍本，不仅有400多年前初版的哥白尼名著《天体运行论》，还有中世纪的羊皮书。这些书平时藏诸秘室，并不轻易示人。偶有盛典嘉宾，则特事特办，可专门安排参观。我参观过一次，犹觉不过瘾。临回国前，又向主人探询，可否再看一次，结果如愿以偿。

图76　英国爱丁堡皇家天文台图书馆一角

在京30余年，常跑北京图书馆（今国家图书馆），自然获益匪浅。英文原版的阿西莫夫作品——如今其著作的中译本已不下百种，我大多借自北京图书馆。当然，偶尔也有遗憾。例如我尝多方查找历年的原版美国《科学年鉴》（*Science Year*），但始终很难齐全，最后寄厚望于北京图书馆，结果还是落空了——不知是否因我不善检索？

8年前回上海致力于科普出版，查阅文献资料当然又离不开上海图书馆。如今，图书馆的功能和服务与时俱进，上海图书馆的系列讲座已成社会知名品牌，我也有幸先后3次在那里做科普讲演。2005年，上海图书馆的图书文化博览厅征集作者赠书，展示一年，然后入藏。此举当于公众有益，我便捐赠了自己主编的全套《金苹果文库》50种，另加本人科普作品《梦天集》一册。

2005年11月，在前几年刚整修一新的明复图书馆，参加了我国现代科学事业的先驱者胡明复先生的铜像移位揭幕仪式。是夜未眠，若有所悟，弹指间自己已然满首白发，我熟悉的那些图书馆却更加容光焕发、青春靓丽了。来日还有许多事情要做，所以我还要不断地去图书馆：学习，或许还有休闲。

天文学与人类

图77　圭表是非常古老的
天文仪器。表是一根垂直立
于地面的竖杆，"圭"是从
"表"底端开始沿水平方向
朝正北方伸展的一条长板。
当太阳中天时，表影投射在
南北方向的圭面上，由影子
长短可以推算出夏至和冬至
等节气。图中这件圭表铸于
明代正统四年（1439年），
清代重修，现陈列于中国科
学院紫金山天文台

上古的游牧民族在辽阔的草原上放牧、迁徙，那时既没有地图又没有指南针，他们怎样辨别方向呢？靠的是观察天空中的星星。上古的农业民族从事耕作，他们怎样确定播种和收获的季节与时令？靠的是观察群星出没时间的变化。古代的渔民和水手在汪洋大海中前进，他们怎样为自己导航？靠的是辨认星空。他们又怎样知道潮水涨落的时间？靠的是观察月亮的盈亏圆缺……于是，大约在6000年前，天文学就悄然萌芽、诞生了。它是自然科学中最古老的学科之一，也是人类文明进步的象征。

天文学是一门基础科学，它使人们了解自然、认识宇宙。天文学中提出的各种问题，促进了其他许多学科的发展。例如，行星为什么环绕太阳旋转，它们为什么既不会掉到太阳上，又不会跑到别的地方去？300多年前，伟大的英国科学家牛顿对这些问题进行深入的研究，发现了著名的万有引力定律，并且建立了他的整个力学体系。如今，交通、建筑、水利、采矿、军事、科研，什么地方离得了力学计算呢？

又例如，天文学和数学也总是形影不离。数学中最基本的概念"角度"，首先就是在上古的天文观测中渐渐形成的。随着天文学的发展，它所需要的数学也越来越深奥，越来越复杂，这样就促进了数学的发展。请看，历史上一些最著名的科学家，如祖冲之、郭守敬、牛顿、高斯、拉普拉斯等，不就既是数学家又是天文学家吗？

天文学研究宇宙中的一切天体，它们的种类形形色色，它们的情况变化万千。例如，有的天体温度高达几千万度，有的密度比水银还高10万亿倍，有的磁场强得惊人，有的还会发生规模极大的爆发……这些特殊的环境和条件，在地球上的实验室里都无法实现，所以宇宙间的各种天体和宇宙空间本身，仿佛为人类提供了一个无与伦比的天然实验室。大自然本身在这个"宇宙实验室"里演示着种种实验——各种自然现象，它们给人类以巨大的启示，使人类懂得了物质在各种极特殊的条件下如何运动变化的规律。

例如，在20世纪30年代，天文学家弄清了恒星内部在上千万摄氏度的高温下，进行着氢原子核聚变为氦原子核的"热核反应"，它是太阳和其他恒星的能量来源，是太阳千百年来不断发光发热却依然那么明亮的原因。这使人们想到，热核反应能不能在地球上用人工方法实现？如果能做到这一点，那么人类就再也不用为缺乏能源而发愁了。后来，人们果真在地球上实现了氢的热核反应——造出了威力空前的氢弹。但是，氢弹的破坏力只能在世间造成灾难，而不会给人类带来幸福。那么，能不能让威力巨大的热核反应为和平与建设服务，为人类创造更美好的未来呢？是的，科学家们还在研究这个难题：怎样控制热核反应，使它产生的能量按人们的需求徐徐释放出来，而不是像氢弹那样猝然爆发。这就是人们常说的"受控热核反应"。

在现代社会的各个方面，天文学有着非常广泛的应用。例如，提供准确的时间、编制年历和星表，都是天文学的重要任务，人们的日常生活、工农业生产、大地测量、军事活动、航天飞行等都少不了它。又如，太阳上的激烈活动会引起地球磁场和电离层的变化，甚至会使短波无线电通信中断；太阳活动时还会发出大量的高能粒子和X射线，这对宇宙飞船和空间站上的宇航员及仪器设备都是很大的威胁。从这些方面来看，天文学家提供的空间天气预报所起的作用，并不亚于地球上的天气预报。再如，发射人造卫星和宇宙飞船的费用十分昂贵，为了做到以最小的代价取得最多最重要的资料，就得用天文学的方法精心设计它们的轨道……天文学的知识是那么引人入胜，天文学的用途又是那么广泛，难怪人们常说，谁要是对现代天文学一无所知，他就不能算接受了完满的教育。

抚今思昔，回顾几千年来天文学的发展，我们可以看到，起初人们认识宇宙的进程相当缓慢。直到16世纪，哥白尼确立了日心学说，人们才正确地认识到地球并不在宇宙的中心，而是环绕太阳运行的一颗行星。17世纪初，伽利略发明了天文望远镜，人们的目光才开始投向更加遥远的太空深处。

从那以后，天文学发展的速度就越来越快了。到了19世纪末，人们已经发现8颗大行星和许许多多的小行星，并且掌握了天体运动的力学规律。人们已经测量出一些恒星的距离，查明了离太阳最近的恒星也远在好几光年以外。人们弄清了太阳只不过是恒星世界中的普通一员，它也像其他恒星一样，在银河系中不停地运动着。人们还建造了越来越大的天文望远镜，用它们发现了许多新天体和新天象，同时也提出了许多既重要又有趣的新问题：月球究竟是怎样诞生的？火星上究竟有没有生命？旋涡星云究竟是什么东西？……

20世纪的天文学家不但很好地回答了这些问题，而且做出了一系列意义更加重大的发现。请看这些激动人心的例子吧。

人们造出了口径超过10米的光学天文望远镜。它们配上极灵敏的接收器，足以探测到像几万千米以外的一支小蜡烛那么微弱的光。它们使人类的目光触及了100亿光年以外的遥远天体。

人们发现无数的河外星系正在以巨大的速度四散远离，发现我们的宇宙正处在一种宏伟的整体膨胀之中。这使人类懂得了不仅每个天体都在运动变化，而且就连整个宇宙本身也不是静止不变的。

人们弄清了恒星的能源是热核聚变反应，弄清了恒星是怎样演化的。因此，天文学家可以娓娓动听地讲述一个长长的故事，告诉你一颗恒星怎样诞生和成长，又怎样衰老，直至走向死亡。

图78 从空中俯视"500米口径球面射电望远镜"（简称FAST）的雄姿。射电望远镜的天线，功能如同光学望远镜的主镜。大型射电望远镜有固定式的和全可动的两大类。世界上最大的固定式射电望远镜，就是坐落在中国贵州省平塘县大窝凼洼地的FAST，其天线面积有30个足球场那么大，人们亲切地称它为"中国天眼"。2016年9月25日落成启用时，习近平总书记特地发来了贺信（本航摄图由FAST工程办公室提供）

　　人们发明了射电望远镜，开创了射电天文学。从此，天文学家除了原来那只"光学眼睛"外，又增添了一只新的"射电眼睛"，它专门负责观测来自宇宙和天体的无线电波。人们用这只"射电眼睛"发现了太阳的射电辐射，探明了银河系的旋臂结构，发现了类星体、脉冲星、星际有机分子、宇宙微波背景辐射……

　　人们突破了地球大气层的封锁和包围，把望远镜送上了天——不仅是光学望远镜，而且还有红外望远镜、紫外望远镜、X射线望远镜以及γ射线望远镜，从而开启了全波段天文学的新时代。它使天文观测摆脱了大气层的干扰，使人类看到的宇宙更加清晰、深入和全面。

　　人类破天荒地派出自己的使者——先后6批12名宇航员，踏上了地球以外的另一个星球——月亮。无人驾驶的宇宙飞船访遍了太阳系各大行星和它们的许多卫星。从此天文学就不只是单纯进行远距离的观测了，它随着空间时代的来临，迈入了近距离探

图79　中国月球探测器返回地球的概念图：（左上）返回舱携带月球样品从月面发射升空；（右上）离开月球踏上归途；（左下）飞到地球附近；（右下）进入地球大气层，打开降落伞安然"到家"。中国月球探测工程分为"无人月球探测"、"载人登月"和"建立月球基地"三个阶段，通常简称为"探""登""驻"。第一阶段"探"（无人月球探测）有一个诗意盎然的名称——"嫦娥工程"，它又细分为三个步骤，即"绕月飞行和探测"、"在月面上降落与巡视"以及"取样返回地球"，简称"绕""落""回"。2007年"嫦娥一号"探月卫星圆满完成了"绕"的使命。2013年"嫦娥三号"成功执行"落"的任务，它携带的"玉兔号"月球车可以在月面上行驶。"回"已由"嫦娥五号"月球探测器承担

测，甚至实地考察的新阶段。

21世纪来临，令人振奋的天文学新成就更是纷至沓来。天文学家发现了宇宙正在加速膨胀的证据，并由此获悉宇宙中存在着巨额的暗能量；探索系外行星——太阳系以外其他恒星周围的行星系统——取得了突破性的进展，人们已经发现数以千计的系外行星，其中有的同地球颇为相似，从而为探索地球外的生命带来了新的希望；人们正在建造更加先进的各种天文望远镜，正在更仔细地监测可能由其他星球上的智慧生物发来的微波信号；太阳系行星的空间探测也达到了更高的水准，"新视野号"探测器于2015年7月顺利飞越冥王星，完成了既定的探测任务，正在向柯伊伯带的纵深地带挺进；在火星表面自动行走的火星车一代更比一代强，前所未知的新发现不断传来，人类正在为亲自登上火星做精心的准备，也许二三十年之后这一愿景就将成真；世界上多个国家纷纷启动新一轮的月球探测，中国也成了此轮探测的一支生力军，中国航天员登上月球的日子已经不会太遥远……

当然，我们也不会忘记，天文学为人们树立正确的宇宙观所起的决定性作用。德国著名哲学家康德（1724—1804）在他的重要著作《实践理性批判》中有一段名言：

> 世界上有两件东西能够深深地震撼人们的心灵，一件是我们心中崇高的道德准则，另一件是我们头顶上灿烂的星空。

走进天文学，将会使你对这一名言所蕴含的哲理有更深刻的领悟。

昨天和今天的天文学取得了极其辉煌的胜利。可以预期，明天的天文学家——其中很可能就包括你——必将会取得远比今天更加伟大的新成就！

"梦天"的由来[①]

图80 《宇宙风采》书影

　　经常写作的人往往都有自己的"笔名"，我也有一个笔名叫"梦天"。不少朋友都说这个笔名真好，因为它很富有诗意。其实，

　　① 本文原系江苏教育出版社"金苹果文库"卜毓麟著《宇宙风采》（1997年10月）之卷首篇，题为"我与科学世界"，现略有改动，并新拟篇名。

我最初想到用这个笔名，只是出于一个很简单的理由：我从小就梦想成为一名天文学家。

宇宙中蕴藏着无穷的奥秘。古往今来，不知有多少人，从幼小的童年时代开始，就爱上了满天的星星，爱上了繁星密布的天穹。研究星星和宇宙的科学就是天文学，而天文学家就是专门探索和揭示宇宙奥秘的人。

人们往往很难说出，自己是从哪一本书上第一次学会了认字。与此相仿，我并不清楚自己从哪一本书上第一次学到了最初的天文知识。不过，我依稀记得，还在上小学以前，父母亲给我买了许多好看的书，它们都是《幼童文库》的成员。对于《幼童文库》的作者和出版社，我没能留下确切的记忆。但是，我至今还保留着这样的印象:《文库》中的每本书都很薄，但每张纸倒是厚厚的，彩色的图画很美丽，书中的字不多，好些字我都认识。我记得，其中有一本书说到了地球绕着太阳转，月亮绕着地球转，还说到了水星、金星、火星、木星等等，它们也像地球一样，都是绕着太阳转圈子的行星。总之，这是一本幼儿爱看的介绍太阳系的书。

我的小学阶段，主要是在20世纪50年代初度过的。当时，朝气蓬勃的新中国对孩子们的教育取得了巨大的成功，"三好""五爱"铭记在我们这些"红领巾"的心头。在我们幼小的心灵中，"祖国""人民""科学"……这些词儿有着无与伦比的巨大吸引力。

1956年，正当我上初中二年级的时候，祖国的大地上响彻了"向科学进军"的嘹亮号声。国家制定了《1956—1967年科学技术发展远景规划纲要（草案）》，科学家们夜以继日地工作，中华全国科学普及协会与中华全国总工会还联合召开了全国第一次职工科学技术普及工作积极分子大会。科普书刊比以前更多了。我看了不少天文通俗读物，它们是多么迷人啊。于是，我开始学习认星星了。这并不很难，但是要持之以恒。许多年以后，我为少年朋友们写了一本书，名字就叫《星星是我们的好朋友》，在这本书的代前言"星星朋友在召唤"中，我写道：

> 夜幕降临，仰望长空，一颗颗明亮晶莹的星星就像镶嵌在天穹上的明珠。
>
> 你再仔细看看，它们好像正在淘气地向你眨着眼睛——也许，它们是在亲切地和你打招呼吧？看来，它们还挺想和你交朋友呢。
>
> 和星星交朋友？这可是个好主意。其实，这挺容易的。古代人在几千年以前就认识星星了——那时候的科学还那么落后呢，难道你生活在今天还不能吗？
>
> 肯定能。很快地，你就能叫出许多星星的名字了，就像呼唤你们班上的同学那样方便……

当时，我们这些初中生已经有了自己的憧憬："我想当飞行员""我想当作家""我想当老师"……当我说自己"想当一名天文学家"时，老师是那么认真地注视着我。我不知道这目光是赞许，是怀疑，或者还有别的什么含义。但是，我猜想，其中一定包含着深情的期待。

时间过得很快，我成了一名高中生——在上海市卢湾中学。我至今清楚地记得，母校的老师们对于教书育人是那样投入，几乎每一门课都讲得那么精彩。这使学生们的求知欲明显地更旺盛了。那时，我对古典文学、历史人物等都很感兴趣，而更喜爱的则是科学知识，尤其是数学令我入迷。我提前自修完高中数学，并津津有味地钻研起高等数学来。那时，有一位数学老师——他的名字叫翁琪倩，课讲得很好身体却很差，曾有几次临时因病未能上班，我还代他讲了几堂课。当时，我是在班主任陆德裕老师的亲切鼓励下，在全班同学友好而信任的气氛中，顺利地完成任务的。

那时，也和今天一样，有许多课外小组。我参加的是数学小组。中学毕业，高考来临之际，我填报的第一志愿是南京大学数学天文学系，结果被录取了。后来，数学天文学系分成了数学、天文学两个系，我在天文系学习。大学时代的生活很清苦，但心情相当愉快。南京大学不仅有许多遐迩闻名的系科和教师，而且有读之不尽的各门各类的藏书。天天有好书可读，常有精彩的课外讲演可听，其乐趣是很难用笔墨形容的。虽然这篇短文不可能详述大学时代的生活，但我必须提到我们的系主任戴文赛教授。那时他50来岁，风度儒雅，待人和善，深受全系师生尊敬。他很博学，讲课时逻辑严谨，条理分明。尤其使我感动的是，他数十年如一日热心于普及科学知识。1979年3月，先生病危之际，依然"烈士暮年，壮心不已"；在《戴文赛科普创作选集》一书的前言中写下："我们科学工作者，应该拿起笔来，勤奋写作，共同努力，使我们中华民族以一个高度科学文化水平的民族出现在世界

图81　本书作者在上海市瑞金医院住院病房聆听戴文赛老师谈论科研和科普（摄于1978年1月）

上。"一个多月后，戴先生与世长辞。

1965年，我大学毕业，分配到中国科学院北京天文台（今国家天文台）工作，也成了一名专业天文工作者。同时，我也一直笔耕不辍，创作和翻译了大量科普作品。前面已经说过我最初使用笔名"梦天"的缘由。如今，这个笔名又有了一层新的涵义，那就是——

我国古代天文学取得了举世瞩目的成就，但从明朝末年以来日渐落后于西方发达国家。我有时在梦中也会想：中华民族的天文事业何时能在世界上重振雄风，再显辉煌！

最后，我还乐意顺便告诉大家：曾经有不少人问我："你是怎样治学和写作的？"我用16个字做了回答，现抄录如下，愿与青少年朋友们共勉——

分秒必争，丝毫不苟；博览精思，厚积薄发。

科学视角下的千古绝唱

——《水调歌头·明月几时有》别样解读①

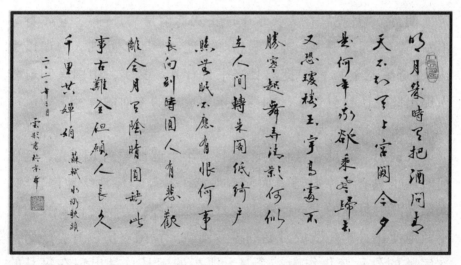

图82　苏轼《水调歌头·明月几时有》书法作品。作者张云彤，中国空间技术研究院研究员，与本书作者卞毓麟是南京大学天文学系同班同学，毕业于1965年

---

① 　原载1994年9月18日《科技日报》第2版《谈古论今》专栏，题为《〈水调歌头·明月几时有〉科学注——甲戌中秋偶成》。其"编者按"曰："苏轼的名篇《水调歌头·明月几时有》脍炙人口，历代的评论和注释不计其数。卞毓麟先生……为这首词做科学注释，可谓别开生面。""科普文章的形式是多种多样的。希望读者、作者和编者共同探讨新颖、生动的各种科普文体，以实现我们的办刊宗旨——在大文化的框架中注入科学的精华。"2007年10月24日，我国的"嫦娥一号"探月卫星发射成功，举国欢腾。翌日，《人民日报》之《科教周刊·探月特刊》又以《科学视角下的千古绝句——〈水调歌头·明月几时有〉别样解读》为题，刊出此文。

苏轼于中秋夜写下了传诵千古的《水调歌头·明月几时有》。今又值中秋，兴之所至，乃效阿西莫夫注莎士比亚、弥尔顿诸文坛泰斗名著之举，试注斯词如次。

　　　明月几时有？把酒问青天。不知天上宫阙，今夕是何年。我欲乘风归去，又恐琼楼玉宇，高处不胜寒。起舞弄清影，何似在人间。

　　　转朱阁，低绮户，照无眠。不应有恨，何事长向别时圆？人有悲欢离合，月有阴晴圆缺，此事古难全。但愿人长久，千里共婵娟。

　　明月　"月亮"在天文学中的正式称谓是"月球"，它本身并不发光，只因反射太阳光才显得如此明亮。不少欧洲人曾误以为达·芬奇率先于15世纪提出月光来自日光。其实，中国人和希腊人提出此说还要早得多。如西汉末年成书的《周髀算经》即已提及"月光生于日所照"。

　　几时有　月球在任何时候都只有半个球面照到太阳光，且任何时候也只有半个月球表面向着地球。月球不停地绕地球转动，太阳光照射月球的方向同我们观察月球的视线方向之间的夹角便不断地变化，于是造成月亮的盈亏圆缺。我国农历以月亮经历一次完整的盈亏变化作为一个月，明亮的满月总是出现在每月的十五、十六日。

　　青天　地球大气对红橙色光散射最轻微，对蓝紫色光散射最强烈，"天"呈青色或蓝色，系地球大气对太阳光中不同颜色的成分散射效果各异所致。在地球大气外看到的天空是漆黑一片，但在暗黑的天穹上太阳显得异常耀眼，满天繁星可与太阳同时出现。在没有大气的星球上绝不会有"青天"，例如在月球上就是如此。

天上宫阙 从地球上看觉得月亮在"天上",宇航员在月球上又看见地球在"天上"。其实从天文学的立场看,地球和月亮都是天体。当观察者置身于某一天体上时,他就觉得自己"脚踏实地",其他星球则悉数皆在"天上"。人类迄今尚未发现地球外其他天体上的生命,更未发现"他们"建造的"天上宫阙"。"凌霄殿""广寒宫"都只是人们的想象而已。

今夕是何年 地球上的"一年"是地球绕日公转一周所需的时间,即地球的公转周期。其他行星的公转周期各不相同。例如,火星的公转周期是地球的1.88倍,因此在火星上一年的长度就相当于地球上的1.88年。在谈论不同星球上的"年"时,常须具体言明是指"地球年",还是"火星年",等等。月球作为地球的卫星,随地球一起绕日运行,故"月球年"的长度和"地球年"相同。可见"天上宫阙,今夕是何年"这个问题还很有天文意味呢。

乘风归去 "风"是大气运动的一种表现形式,没有大气的地方便无风可言。欲"乘风"在地月之间旅行,其实是不可能的。

琼楼玉宇 1969年,美国阿波罗11号宇宙飞船首次将两名宇航员送上月球。如今科学家已在认真考虑大规模开发月球的可能性。预期在21世纪,人类将会频频往返于地月之间。那时,"琼楼玉宇"就会成群地出现在月球上了。

高处不胜寒 月球没有大气和海洋的调节,因而昼夜温差极大:白昼阳光直射处的温度可超过120℃,夜间温度则可低到零下180℃——那可真是"不胜寒"啊!

起舞弄清影,何似在人间 月球表面重力仅约为地球表面重力的1/6,故宇航员们在月球上行动显得非常飘然优雅。若在月球上举行运动会,则无论是跳高跳远还是铁饼铅球,都会远远突破地球上的纪录。在月球上翩翩起舞,自然也不似在人间了。

转朱阁，低绮户，照无眠 "转朱阁，低绮户"，形容明月行空，清辉入户。农历月半，月亮于日落时升起、翌晨日出时落下，故可彻夜伴照无眠之人。

何事长向别时圆 月圆适逢人离别，纯系触景生情之语，自无科学依据。

阴晴圆缺 "阴晴"是气象现象，取决于地球大气中的云量多寡，其实与月之圆缺（即"月相"）无关。农历初一全不见月称为"朔"；两三天后，日落不久在西边天空中可见"新月"如钩；新月渐盈成为"蛾眉月"；初七、初八日落时在南方天空中已高悬着半圆形的"上弦月"；十一、十二日落后在东方天空中可看到一轮"凸月"；十五、十六日落时"满月"正好冉冉升起；此后月轮渐亏，二十二、二十三在后半夜出现的"半个月亮"称为"下弦月"；再过四五天，就只能在黎明时分的东方天空中看到一弯"残月"了。宋代沈括在《梦溪笔谈》中已准确地描绘了月相变化的成因："月本无光，犹银丸，日耀之乃光耳。光之初生，日在其傍，故光侧而所见才如钩；日渐远，则斜照，而光稍满如一弹丸。以粉涂其半，侧视之，则粉处如钩；对视之，则正圆"，浑若一份精彩的实验报告。

千里共婵娟 "婵娟"原指"嫦娥"，转指月亮。此句原说亲人远隔千里，总算还能共享明月清辉。不过，世界上不同经度的地方在同一时刻看到的天空景象互有差异——这就是所谓的"时差"。例如，当北京明月中天时，在伦敦月亮却尚未东升。可见"千里"之外的亲友还未必真能"共婵娟"呢。

观天治水功垂千秋

——纪念元代杰出科学家郭守敬逝世700周年[1]

图83　1962年我国邮电部发行的
纪念邮票"郭守敬"（纪92.8-7）

　　郭守敬（1231—1316），我国元代大科学家，在天文、历法、水利和数学等领域都取得卓越成就并产生重要影响。他取得的科技成果充满着创新理念，是我们中华民族的骄傲！

---

① 原载2016年12月25日《文汇报》第6版《科技文摘》，稍有改动。

创新成批天文仪器

中国古代天文学家早先用来测量天体位置的首要仪器是"浑仪",其基本形状是个浑圆的大球,圆球里是一层套一层的圆环,有些环可以转动。在层层圆环中间有一根细长的窥管。将窥管瞄准所观测的目标星,即可借助诸圆环上的刻度定出此星在天球上的位置。

但浑仪有两处不足:一是球内有七八个大小不一的环,环环相套,严重遮挡了窥管所能观测的天空范围;二是好些环上各有自己的刻度,观测人员观看和读出刻度相当不便。

郭守敬认为,有些情况下天体的位置可以根据其他观测数据用数学计算来推求,而不必直接进行测量,因此有些圆环可以省去。最后,他仅保留了浑仪中必不可少的两组圆环,并将其中的一组分离出来,另成一个独立的仪器。他还将浑仪中原本罩在外围作为固定支架的环全部取消,改用一对弯拱形的柱子和另外4条柱子,以支托保留在仪器上的主要圆环。如此成型的新仪器,就是著名的"简仪"(图90)。直到18世纪,欧洲才开始流行基本结构同简仪相仿的天文望远镜——现代天文学中所说的赤道仪。

郭守敬改进的另一种重要仪器是圭表(参见第195页图79)。表是一根垂直立于地面的竖杆,圭是始于表的底端沿水平方向朝正北伸展的一条长板。当太阳到达子午线时,量取投在圭面上的表影长即可得知太阳的高度,进而又可推算节气。古代表高8尺,表影较短,测量误差比较大。郭守敬决定将表高增大5倍,加高到40尺,称为"高表"。这样,表影也长了5倍,推算出来的节气时刻就比以前准确得多。

郭守敬创制的天文仪器共有20来种。除了简仪和高表,还有候极仪、浑天象、玲珑仪、仰仪、立运仪、证理仪、景符、窥几、

图84　明代正统二年（1437年）仿制的铜铸简仪，现陈列于南京中国科学院紫金山天文台

日月食仪、星晷定时仪等，这里就不一一详述了。

四海测验和年长

成批的天文仪器竣工后，郭守敬又向元世祖忽必烈进言：今帝国的疆域比唐朝更加辽阔，故应设置更多的天文观测站，这对制定新历法至关重要。

获得忽必烈的赞同后，郭守敬和共事者王恂选拔了14名熟悉天文观测技术的人员，携带正方案等4种新仪器分赴各地进行测量。除大都而外，郭守敬在全国共选定26个观测点。他本人亲率一支人马，由上都、大都，历河南府，抵南海测验日影。这次当时世上规模空前的大范围地理纬度测量，就是著名的"四海测验"。它扩充了当时的天文学知识，并为制定新历法提供了重要的数据和参考资料。

制定优良的历法必须精确测定回归年的时间长度：接连两个

冬至（或两个夏至）的时间间隔就是一个回归年。但这事做起来很难，必须反复测量多年，并充分利用前人的观测数据，才能求出更精确的回归年长。郭守敬利用从公元462年到公元1278年，总共816年的历史资料，求出回归年的平均长度为365.2425天，并将它用到新历法中。这和回归年的精确长度365.2422天只相差0.0003天！在欧洲，直到公元1582年罗马教皇格里高利十三世颁行"格里历"（即现行公历），才采用与郭守敬的数值相同的回归年长，其时间则比郭守敬等人的"授时历"晚了302年。

测定群星的位置

中国古代有自己独特的星空体系。早在周朝以前，我们的祖先就把群星划分成许多"星官"，后来又进一步形成了"三垣二十八宿"的体系。

中国古代天文学家测量诸宿间的距离时，常在每宿中各指定一颗星作为标志，称为"距星"。某宿的距星与下一宿距星的赤经差称为"距度"，可用以表征这两颗距星间的相对位置。早期测定距度只能准确到古代使用的"度"，宋徽宗崇宁年间（1102—1106）在"度"以下附加了"少"、"半"和"太"等字样，分别表示测量结果中度的分数部分比较接近于1/4、1/2和3/4。

郭守敬将表示测量数据的最小单位定为1/20度，且将测量距度的平均误差降低到了4.5′，精度较宋时提高了一倍，是中国古代天体测量史上的一次飞跃。

"授时历"的诞生

在郭守敬创制新仪器的时候，编制新历法的工作也在有条不紊地交替进行着。王恂、郭守敬等研究了汉朝以来先后颁行的数十种历法，并利用可靠的实测资料，在1280年编成了新历法。忽必烈很满意，遂按古语"敬授民时"将新历命名为"授时历"，由太史院的印历局印刷，从1281年（至元十八年）正月初一起在全国施行。

"授时历"是我国古代最优秀、使用时间最长的历法，当时在世界上也遥遥领先，尤其对朝鲜和日本有着很长久的影响。"授时历"有许多创新之处：它不但采用了较先进的数据，如将回归年的长度定为365.2425天，还废除了过去许多不尽合理的计算方法，并创用了一些新算法。

先前，郭守敬是45岁前后受命由兴水利而转司天文的。上述诸事告一段落后，花甲之年的郭守敬于1291年受命重领水利工程，致力于治理大都城水道和改善漕运状况。他主持修浚的运粮河被命名为通惠河，它的通航不仅使漕运入京如愿以偿，而且促进了南货北运，繁荣了大都城的经济。1294年，63岁的郭守敬升任"昭文馆大学士"。这是元代授予汉官带荣誉性的虚衔，级别很高。他的实职则由太史令改任"知太史院事"，为太史院的最高长官。

中华民族的骄傲

谁也不能否认，郭守敬是那个时代世上鲜见的顶级科学家。他造诣既深且广，是天文学家、水利专家、数学家、测绘学家、机械工程专家，他的科学水平、创新能力、务实精神和工作态度都永远值得人们崇敬。

郭守敬创制的大批天文仪器远远超越了前朝，足以称雄当世。他创制的简仪是世界上第一台采用赤道式装置的天文仪器，他研

图85 元代至元十六年（1279年）所建的登封观星台，1961年被国务院确定为全国重点文物保护单位

制的水力机械时钟传动装置先进，走在了14世纪诞生的欧洲机械时钟的前头。

郭守敬建造的登封观星台是重要的世界天文古迹（图91）。他编制的两部星表所含实测星数突破了历史记录，而且在以后300年间也无人超越。郭守敬精确测定的黄赤交角数值，直到500年后还被法国大科学家拉普拉斯用于佐证黄赤交角随时间而变化。郭守敬和王恂等人制定的"授时历"在世界上领先了300年，编历时创立的新算法和数学公式都是中国数学史上的重要成果。

郭守敬主持的水利工程，规划巧妙，功效卓著。今天从密云水库直通北京市区的京密引水渠，自昌平经昆明湖到紫竹院这一段，大体上还是沿着郭守敬当初规划的路线。他在大地测量方面首创了相当于"海拔"的概念，还根据实测结果编制了黄河流域一定范围内的地形图。

700年来，世人对郭守敬的褒评可谓众口一词。在现代，人们又用许多新的方式表达了对他的敬意——

1962年12月1日，我国邮电部发行编号"纪92"的一组8枚（中国古代科学家，第二组）纪念邮票，其中两枚面值20分的，一枚是郭守敬半身画像（图89），另一枚画面是简仪。

国际天文学联合会于1970年以郭守敬命名了月球背面的一座

环形山；1978年又将中国科学院紫金山天文台发现的一颗小行星命名为"郭守敬"（编号第2012）。

2010年，我国自行设计研制、颇获国际同行赞誉的"大天区面积多目标光纤光谱天文望远镜"（简称LAMOST）被正式冠名为"郭守敬望远镜"。

图86　2008年10月17日本书作者在中国科学院国家天文台兴隆基地留影，背景建筑中安装的"大天区面积多目标光纤光谱天文望远镜"（LAMOST）于2010年被冠名为"郭守敬望远镜"